NGYIZHAN

灵驿站

生活中的智慧之灯

青少年枕边书
QINGSHAONIANZHENBIANSHU

心灵是一潭清澈的水，不过要驿站的阁厅来装饰，才能绣成美丽的风景。

秦榆◎编著

下

北京联合出版公司

图书在版编目（CIP）数据

心灵驿站/秦榆编著. —北京：北京联合出版公司，2008.8（2015.10 修订重印）

ISBN 978-7-8060-0915-9

Ⅰ. 心…　Ⅱ. 秦…　Ⅲ. 人生哲学—通俗读物　Ⅳ. B821-49

中国版本图书馆 CIP 数据核字（2004）第 051173 号

心灵驿站

编　　著：秦　榆

责任编辑：孙志文　文　超

封面设计：燕宏林洲

图文制作：北京东方视点数据技术有限公司

北京联合出版公司出版

（北京市西城区德外大街 83 号楼 9 层　100088）

北京龙跃印务有限公司　新华书店经销

字数 210 千字　640mm×960mm　1/16　36 印张

2015 年 10 月第 2 版　第 3 次印刷

ISBN 978-7-8060-0915-9

定价：84.00 元（全三册）

目 录

35. 奶奶的生活哲学

我小时候和奶奶一起住在阿肯色州的斯坦斐。奶奶开着一处小店。每当有牢骚满腹、喋喋不休而出名的顾客来到她老人家的小店时，她总是不管我在做什么都会把我拉到身边，神秘兮兮地说："丫头，来，进来！"当然我都是很听话地进去。

奶奶就会问她的主顾："今天怎么样啊，托玛斯老弟？"

那人就会长叹一声："不怎么样。今天不怎么样，赫德森大姐。你看看，这夏天，这大热天，我讨厌它，噢，简直是烦透了。它可把我折腾得够呛。我受不了这热，真要命。"

奶奶抱着胳膊，淡漠地站着，低声地嘟囔："唔，嗯哼，嗯哼。"边向我眨眨眼，确信这些抱怨唠叨都灌到我耳朵里去了。

再有一次，一个牢骚满腹的人抱怨道："犁地这活儿让我烦透了。尘土飞扬真糟心，骡子也犟脾气不听使唤，真是一点也不听话，要命透了。我再也干不下去了。我的腿脚，还有我的手，酸痛酸痛的，眼睛也迷了，鼻子也呛了，我再也受不了！"

这时候奶奶还是抱着胳膊，淡淡地站着，咕哝道："唔，嗯哼，嗯哼。"边看着我，点点头。

这些牢骚满腹的家伙一出店门，奶奶就把我叫到跟前，不厌其烦地对我说："丫头，每个夜晚都有一些人——不论是黑人还是白人，富人还是穷鬼——酣然入眠，但却一睡不起。丫头，看那些与世永诀的人，温柔乡中不觉暖和的被窝已成为冰冷的灵柩，羊毛毯已成为裹尸布，他们再也不可能为糟天气或倔骡子去抱怨唠叨上 5 分钟或 10 分钟了。记着，丫头，牢骚太盛防肠断。要是你对什么事不满意，那就没法去改变它。如果改变不了，那就换种态度去对待，千万不要抱怨唠叨。”

据说人在一生中接受如此教育的机会不多。而奶奶在我刚到 13 岁的时候，就抓住每个这样的机会来教育我。

心灵处方

牢骚满腹不仅使人颓唐，而且导致危险——它在给猛兽发信号：猎物就在你鼻子底下哩。

36. 智慧结晶

数百年前，一位聪明的老国王召集了聪明的臣子，交代了一个任务："我要你们编一本《各时代的智慧》流传给子孙。"

这些聪明人离开老国王以后，工作了很长一段时间，最后完成了一本十二卷的巨作。老国王看了后说："各位先生，我确信这是各时代的智慧结晶。然而，它太厚了，我怕人们没有会去读完它。把它浓缩一下吧！"

这些聪明人又经过长期的努力工作，几经删减之后，完成了一卷书。然而，老国王还是认为太长了，又命令他们继续浓缩。这些聪明人把一本书浓缩为一章，然后浓缩为一页，浓缩为一段，最后则浓缩成一句。老国王看到这句话时，显得很得意，说："各位先生，这真是各时代的智慧结晶，并且各地的人一旦知道这个真理，我们担心的大部分问题就可以解决了。"

这句千锤百炼的话是："天下没有免费的午餐。"

心灵处方

即使是要满足自身生存的最基本需要，也需要自己去做。纵使你的父母能为你提供丰厚的物质基础，也需要自己去做。不然，就是一个标标准准的废物。

37. 阳光

从前，田野里住着田鼠一家。夏天快要过去了，他们开始收藏果、稻谷和其他食物，准备过冬。只有一只田鼠例外，他的名字叫做弗雷德里克。

“弗雷德里克，你怎么不干活呀？”其他田鼠问道。

“我有活干呀，”弗雷德里克回答。

“那么，你收藏什么呢？”

“我收藏阳光、颜色和单词。”

“什么？”其他田鼠吃了一惊，相互看了看，以为这是一个笑话，笑了起来。

弗雷德里克没有理会，继续工作。

冬季来了，天气变得很冷很冷。

其他田鼠想到了弗雷德里克，跑去问他：“弗雷德里克，你打算怎么过冬呢，你收藏的东西呢？”

“你们先闭上眼睛，”弗雷德里克说。

田鼠们有点奇怪，却还是闭上了睛眼。

弗雷德里克拿出第一件收藏品，说：“这是我收藏的阳光。”

昏暗的洞穴顿时变得晴朗，田鼠们感到很温暖。

他们又问：“还有颜色呢？”

弗雷备里克开始描述红的花、绿的叶和黄的稻谷，说得那么

生动，田鼠们仿佛真的看到了夏季田野的美丽景象。

他们又问："那么，你的那些单词呢？"

弗雷德里克于是讲了一个动人的故事，田鼠们听得入了迷。

最后，他们变得兴高采烈，欢呼雀跃："弗雷德里克，你真是一个诗人！"

——阳光、颜色和单词！

收藏阳光、颜色和单词，收藏夏季美丽的景象，好在严冬来临之际温暖自己的心房，这是多么简单的道理，却又多么实在！人生如四季，也有阴晴圆缺，无论去哪里，也许总难免不愉快的事情。因此，对于生存，精神力量和物质储备同等重要，关键是要学会选择，懂得放弃。

心灵处方

风风雨雨的生活中。总是会有痛苦，会有眼泪。会有苦涩，但是只要你心中选择了阳光，你就会拥有阳光的灿烂。

38. 母子鸟的亲情

在地球最北端的格陵兰岛上有这样一种鸟：假如你逮住了母鸟，用不了多长时间，它的孩子们一定会千方百计地飞来寻找它的母亲，不论你把母鸟藏到哪里，带到多远的地方；同样的，假如你逮住了雏鸟，它们的母亲也会千方百计地寻找到它的孩子，不论你把它的孩子带到哪里。

岛上的人们把这种鸟叫母子鸟。

格陵兰岛的大部分土地都在北极圈以内，土地长年冰封，岛上的人们主要以狩猎为生。要按我们一般的想法，岛上的猎人只要想办法逮住母鸟或子鸟，坐在家里等着大批的鸟自投罗网就可以了，这是何等事半功倍的事情啊。但是，格陵兰岛上的居民们没有这样去做，而且，千百年来，岛上的人从来也没有人去射杀母子鸟。这个传统一辈一辈地流传下来，成为格陵兰岛上不成文的法律。

格陵兰岛上几乎没有三口两口的小家庭，大都是几十口人的大家庭，直到实在是住不下了，才恋恋不舍地分开居住。人们说，连鸟都知道亲情团圆，都知道千里相随，我们为什么要骨肉分离呢？

岛上的大部分居民还处在半原始的生活状态，但几乎所有到了这个岛上的人，都为他们注重亲情、和睦相处的情景震惊。岛上几乎没有什么法律，更谈不上军队和警察，但他们却和睦快乐

地生活着。医生给人治病，都会凭着自己的良知倾其所能，因为他知道在病人的家里，许多亲人正在焦急地盼望着。商人没有人去做坑人骗人的奸商，因为他们知道，假如是坑骗了孩子，会令他们的父母痛心；而坑骗了父母，会连累了他们的孩子。整个社会，所有的人都在这么想，每一个人都是有父母有孩子的人，都有许许多多的亲人在牵挂着，不能做伤害人让人痛心的事情啊。听到这个故事的时候，我明白了这个岛上的人们，看似他们很和平，但他们却一点都不发达。

心灵处方

假若世人都能向母子鸟学习，那我们的生活将会是一幅多么美丽祥和的图画。

39. 对不起，我错了

知错就改是一种聪明的做法，强辩和死不认错会把事情弄得更糟。古人云："过而不改，是为过矣。"正是明智的见解。

在一些鸡毛蒜皮的小事上，我们不必计较太多。有一则相声叫"纠纷"，简言之，故事是这样的：雨后，马路上积了很多泥水，这时正值上班高峰期。故事的两位主人公：一个赶着去买药，一个忙着去上班，由于人车拥挤，买药的没留神，从上班的人身边擦过去，弄脏了他的鞋和裤腿，继续向前骑；"上班的"怒了，一把抓住"买药的"要他赔钱和轧伤脚的医药费。言语过激，"买

药的”听得不入耳，火气一上来，俩人开始争辩，最后吵到派出所。民警没有立即调节，而是让二人到另一间小屋里等候，俩人静静地坐下来，心平气和之后才清醒地回想事情的经过。“买药的”开了腔：“这事最初是我不对，你的脚还疼吗?”，“上班的”面有愧色说：“不打紧，在这儿呆了半天也活动开了。其实当初你要客气客气，也就用不着来这里给民警添麻烦了。”“我是想道歉来着，可是当时你又是什么态度？你的话也相当不客气呀?”“你得原谅我年轻嘛!”俩人走出小屋，向民警说明了事情的来龙去脉，欢喜地走出了派出所。临别时，一个问另一个：“怎么样，兄弟还生我的气吗?” “哪儿的话，不打不成交，有空上我那儿玩去!”另一个回答。纠纷就此化解。仔细想想这个故事，如果我是那个轧别人的脚弄脏他的鞋子的人，我会迅速地、坦白地、热忱地承认自己的过失，谦逊一点，矛盾也就化解了。我自认为“如果你错了，就迅速地承认”是一种比较聪明的做法，死不认错反倒是多数愚鲁之人的行为。

假如我们知道我们势必要受责备了，先发制人，自己责备自己，巧妙而委婉地陈述事实，你自我批评的诚恳和急切态度将使他的愤怒和争斗性被消灭，也许他还会帮你开脱呢。这种方法的明智还表现在使你处于主动地位，在对方有机会说话以前，将他的批评转成你的自我批评。这时，你是在听自己的批评，不是比忍受别人口中的斥责容易了许多吗？而且人都有自卫的心理，自我批评也是出于自身利益着想，故而言语之中少了诽谤，态度显得诚恳。

“退一步海阔天空，让三分风平浪静。”这不仅仅是被动的退让，从某种意义上说，更是主动的积极的办法，用争夺的方法，你永远得不到满足，但用让步的方法，你可得到比你期望的更多。这里强调一种争取主动的行事原则，打比方，公园的石板路窄，俩人相向而行，俩人有过节，这次冤家路窄，一个人傲慢地说："我从来不给傻子让路！"另一个不慌不忙地说，"我向来给傻瓜让路。"于是从容地绕道而行。这个故事与我讲的中心议题似乎不相关，但我们可以依此类推，举一反三，体会其中的方法。如果你有分析力和判断力，你会赞同我的。出了错就迅速地主动地承认，死不认错才是错上加错的笨法子，而且你会比我做得更好。

心灵处方

当我们是对的时候，我们要温和而巧妙的去得到人们对我们的同意，当我们是错的时候——先别惊慌地掩饰他，纸里包不住火的——我们要急速地热心地承认我们有错误。这种方法不只能产生惊人的结果，而且在某种情况下，比为自己辩护更为有意义。

40. 神奇卡片

绩效管理顾问艾伦曾为美国陆军部训练军官，谈起那次训练，她说了以下这个故事：

在上课的军官当中，有位上校对于激励技巧的使用颇不以为然，在训练课程结束之后大约一个星期，那位上校负责一份重要的简报，由于他做得十分出色，他的上司——一位将军想要赞美他。将军找了一张黄色的图画纸，把它折成一张精美的卡片，外边写上“太棒了!”里边则写了些奖励的话，然后召见他，当面称赞他，并把那张卡片交给了他。

上校把卡片拿在手中读了一遍，读完之后僵直地站在那里愣了一会，然后头也不抬地走出了办公室。

将军有点莫明其妙，心想：是不是我做错了什么。心中不安的将军尾随上校出来看看，结果，让他感到美妙的是上校到每个办公室都去转了一圈，向人炫耀他那张卡片。

故事还没完，那位上校此后把这招运用得比将军还好，他为自己专门设计印刷了一批用来赞美别人的专用卡片。

心灵处方

学会赞美别人，就是为自己的前进搭桥铺路。记得一位著名成功人士谈及成功经验时说：最重要的一点是他曾发誓每天都要赞美别人。

41. 寻找钻石

印度流传着一位生活殷实的农夫阿利·哈费特的故事。

一天，一位老者拜访阿利·哈费特，这么说道："倘若您能得到拇指大的钻石，就能买下附近全部的土地；倘若能得到钻石矿，还能够让自己的儿子坐上王位。"

钻石的价值深深地印在了阿利·哈费特的心里。从此，他对什么都感到不满足了。

那天晚上，他彻夜未眠。第二天一早，他便叫起那位老者，请他指教在哪里能够找到钻石。老者想打消他那些念头，但无奈阿利·哈费特听不进去，执迷不悟，仍死皮赖脸地缠他，最后他只好告诉他；"您到很高很高的山里去寻找淌着白沙的河。倘若能够找到，白沙里一定埋着钻石。"

于是，阿利·哈费特变卖了自己所有的地产，让家人寄宿在街坊家里，自己出去寻找钻石。但他走啊走，始终没有找到要找的宝藏。他终于失望，在西班牙尽头的大海边投海死了。

可是，这故事并没有结束。

一天，买了阿利·哈费特的房子的人，把骆驼牵进后院，想让骆驼喝水。后院里有条小河。骆驼把鼻子凑到河里时，他发现沙中有块发着奇光的东西。他立即挖出一块闪闪发光的石头，带回家，放在炉架上。

过了些时候，那位老者又来拜访这人家，进门就发现炉架上那块闪着光的石头，不由得奔跑上前。

“这是钻石！”他惊奇地嚷道，“阿利·哈费特回来了！”

“不！阿利·哈费特还没有回来。这块石头是在后院小河里发现的。”新房主答道。

“不！您在骗我。”老者不相信，“我走进这房间，就知道这是钻石啊。别看我有些唠唠叨叨，但我还是认得出这是块真正的钻石！”

于是，俩人跑出房间，到那条小河边挖掘起来，接着便露出了比第一块更光泽的石头，而且以后又从这块土地上挖掘出许多钻石。献给维多利亚女王的那块有名的钻石也是出自那里，净重达 100 克拉。事实不正是如此吗？在生活中我们常常会舍近求远，到别处去寻找自己身边有的东西。而往往机遇就在您的脚边，在您的心里。

心灵处方

其实，生活中每个人都在寻找着珍贵的钻石，而有些人只知道舍近求远，把眼前的最好的东西放弃，最终结果是什么也得不到。

42. 切“错”苹果

这几天，我因为公司里的事出了点差错，搞得心情糟透了。有一天，儿子走上前来，向我报告幼儿园里的新闻，说他又学会了新东西，想在我面前显示显示。

他打开抽屉，拿出一把不该他用的小刀，又从冰箱里取出一只苹果，说：“爸爸，我要让您看看里头藏着什么。”

“我知道苹果里面是什么。”我说。

“来，还是让我切给您看看吧。”他说着把苹果一切两半——切错了。我们都知道，正确的切法应该是从茎部切到底部窝凹处，而他呢，却是把苹果横放着，拦腰切下去。然后，他把切好的苹果伸到我面前；“爸爸，看哪，里头有颗星星呢。”

真的，从横切面看，苹果核果然呈一个清晰的五角星状，我这一生不知吃过多少苹果，总是规规矩矩地按正确的切法把它们一切两个，却从未疑心过还有什么隐藏的图案我尚未发现！于是，在那么一天，我孩子把这消息带回家来，彻底改变了冥顽不化的我。

不论是谁，第一次切“错”苹果，大凡都仅出于好奇，或由于疏忽所致。使我深深触动的是，这深藏其中，不为人知的图案竟具有如此巨大的魅力。它先从不知什么地方传到我儿子的幼儿园，接着便传给我，现在又传给你们大家。

孩子们能在切“错”的苹果里发现星星，这是一件何等美丽

的事啊！而我们这些成年人往往因循守旧，一成不变按照别人的生活方式走下去，孰不知，有时稍作改变，会发现一片惊奇的天空。

心灵处方

生活不是诗，却隐藏着诗的美丽，生活不是散文，却饱含着散文的浪漫。要发现这些，只要你真诚地热爱生活，有一颗纯洁的心。

43. 最重要的

闲暇时间，他到处喝咖啡。除了品尝不同的咖啡之外，也看看咖啡馆的装潢。

有一次，他约我喝咖啡。带着朝圣的心情，我跟他去了一趟咖啡馆。很不巧地，他对那家咖啡馆似乎没有什么好感。

我问他："怎么样，这家店的咖啡口味还不错吧?"他淡淡地说："没什么!"

我继续问："店面的装潢呢?"他还是回答："没什么!"

以后的日子里，我陆陆续续跟他到过不同的咖啡馆，品尝不同口味的咖啡，"没什么!"仿佛是他的口头禅，对所有去过的咖啡馆，他的评价都是"没什么!"，而且带着有点不屑的语气。我心想：大概是他的品位太高了，这些咖啡馆提供饮料及气氛，果真都不如他的心意。

这个经验让我想起另外一位对西点蛋糕有兴趣的女性朋友。从前，她也常说："没什么!"

她不但爱吃西点蛋糕，还利用空闲时间拜师学艺，到专业的老师那儿上课，学做西点蛋糕。

刚开始学习的那段日子，她还是不改本性，不论到哪里、吃到什么西点蛋糕，都会给对方"五星级"的评价："没什么!"标准之严苛，让我这个平民百姓觉得她挑剔得过火。

过了半年，当她从"西点蛋糕初学班"结业之后，态度有了

180 度大转变，无论在哪里，品尝过谁做的西点蛋糕，她都很认真地研究里面的配方，用什么材料、多少比例、烘焙的步骤，如果做西点蛋糕的师傅在场，她还会很好奇地向对方讨教、研究成功的关键技巧。

我笑着对她说："你变了。从前是说：'没什么！'现在是问：'有什么？'"

"没错，没错，其实每一件事情一定都'有什么！'，差别只在于你有没有观察到它'有什么'而已。"

关于很多专业的技能，的确是"外行人凑热闹，内行人看门道"。

当我们自身专业素养还不够的时候，缺乏足够的判断力及鉴赏力，很容易错过其中精华的部分，甚至因此而误以为它没什么学问，不屑一顾。反观那些已经具备专业知识的人，才看得懂其中的所以然，态度反而谦卑许多。

西谚说："无知，令人骄傲；学习，才懂谦卑。"道理就是如此吧。

虽然，有一句话说："文人相轻，自古皆然。"但是，从我认识的文人朋友中发现：愈是尊重别人"有什么"的人，作品的生命力与持续力都很丰富。他们在创作方面的成就十分杰出，同时也拥有圆融的人际关系。反观，经常批评别人"没什么"的人，常碰到肠枯思竭的瓶颈，人缘也比较差。

有一位写小说的朋友，在我的书架上看到我典藏本诗集，顺手翻阅之后，大叹："时不我与！"

他继续大发牢骚说："你看，这样随便短短地写几句话、几行字，就可以出诗集，还被你供在书架上典藏。我们这种小说，写了几个大字，还没人爱着。真是不公平。"

"你可以换个角度来想麻，写诗也很不容易啊，人家是把几万字要表达的感情，精雕细琢地浓缩成几句话、几行字。而且，他们一定也有成功的地方，譬如：用字遣词、音律铺比、意境营造……应该都有可以参考之处吧。”

当场，他没有再说话，悻悻然离去。过了几个月，我看到他的小说作品中，也通过小说中人物的安排，出现新诗在其中。我想，他应该已经开始尝试用另外一种角度想事情了。

尽管，我们都懂得“和自己赛跑，不要和别人比较”的生活态度是比较健康的，但是，如果我们愿意放下身价，观摩别人表现杰出的地方，从对方的表现看出成功的端倪，收获最多的，其实还是自己。这种心态，并非想和对方一较高下，而是向对方虚心学习。这个对象不管是谁，只要你愿意仔细观察，一定可以看见别人成功的端倪。

心灵处方

千万别把你的生命浪费在和别人对比上，应该跟自己的心灵去赛跑，这才是最重要的。

44. 自欺欺人的“夫人”

王青一直认为自己很幸运，找了一个帅哥，一个被众姐妹羡慕的白马王子。但那是个白天的戏，夜晚来临，她就得扮演披头散发的女奴。

丈夫比自己小 3 岁，家庭背景体面，又在外资企业里做主管，风度翩翩。但实际上，这个男主角外壳坚硬，善于虚张声势，而内心却很自卑，不知是否因为“性”心不足，而诱发信心减分。

可是，这个在外被大家“宠”坏的长不大的孩子，占有欲又极强。于是，便借一次又一次对妻子的征服、欺凌、虐待，来确定自己的权威与魄力。

在这桩外人叫好，内人心酸的婚姻里，男主角不想承担什么责任，也害怕责任；可他又要耍家长威风，最变态的，便是几乎夜夜都要打太太出气。

而更可悲的是，女主角王青居然忍了近 10 年，她说，总以为他还小，耍小孩子脾气，忍一些时日，他会浪子回头的。

她在做梦。这种人格不成熟的男人，或许只适合谈恋爱，却不适合做丈夫和父亲。每次丈夫动粗时，王青只苦苦哀求，别打她的脸就好，因为那会被别人看到，那很丢人！

总以为哀兵政策会软化他冷酷的心，总以为他会长大，不再分裂成白天与夜晚截然不同的两种角色。但，这是痴心妄想！

或许，爱神真的是个瞎子。他只负责给你冲动、感动、激动，他只诱发你幻想、变傻、变痴，然后只见树木、不见森林……他让当局者迷失方向，情不自禁，却又不自知、不觉醒，赔了青春之后，才发现一切已晚了，只好忍着，以为太阳下山了，还有星星会缀补那颗受伤的心……忠贞，但不要愚忠；放弃，但不要失去自我。幸福如同穿鞋是否舒服，只有自己知道，不是做给人看的。有些幸福，对自己而言，是如此真实，但在外界看来，却不精彩；有些“体面”与“光荣”，人们是如此看好，但身陷其中的你，才真正体会到“败絮”的无奈。这时，你要清醒，要学会保护自己，学会一点点自私，毕竟，爱神是不管“幸福”一事的，只有你才可以创造幸福。

自欺并不是什么坏事，关键你不要欺心。

心灵处方

这是一个极其可悲的夫人，可是，想一想生活中我们是否也做过类似“自欺欺人”的事，说过“自欺欺人”的话？

45. 兑了水的烧酒

有一对夫妻，下岗后开了家烧酒店，自己烧酒自己卖，也算有条活路。

丈夫是个老实人，为人真诚、热情，烧制的酒也好，人称“小茅台”。有道是“酒香不怕巷子深”，一传十，十传百，酒店生意兴隆，常常是供不应求。

看到生意如此之好，夫妻俩便决定把挣来的钱投进去，再添置一台烧酒设备，扩大生产规模，增加酒的产量。这样，一可满足顾客需求，二可增加收入，早日致富。

这天，丈夫外出购买设备，临行之前，把酒店的事都交给了妻子，叮嘱妻子一定要善待每一位顾客，诚实经营，不要与顾客发生争吵……

一个月以后，丈夫外出归来。妻子一见丈夫，便按捺不住内心的激动，神秘兮兮地说：“这几天，我可知道了做生意的秘诀，像你那样永远发不了财。”丈夫一脸愕然，不解地说：“做生意靠的是信誉，咱家烧的酒好，卖的量足，价钱合理，所以大伙才愿意买咱家的酒，除此还能有什么秘诀。”

妻子听后，用手指着丈夫的头，自作聪明地说：“你这榆木脑袋，现在谁还像你这样做生意，你知道吗？这几天我赚的钱比过去一个月挣的还多。秘诀就是，我给酒兑了水。”

丈夫一听，肺都要气炸了，他没想到，妻子竟然会往酒里兑

水，他冲着妻子就是重重的一记耳光。他知道妻子这种坑害顾客的行为，将他们苦心经营的酒店的牌子砸了，他知道这将意味着什么。

从那以后，尽管丈夫想了许多办法，竭力挽回妻子给酒店信誉所带来的损害，可“酒里兑水”这件事还是被顾客发现了，酒店的生意日渐冷清，后来就不得不关门停业了。其实，做生意也是经营人生。给酒兑水，表现上看是坏了产品，影响的是生意，但折射出的实质是低劣的人品——弄虚作假、不诚实，失去了人们的信任，失去了酒店的信誉，欺骗别人一次，影响自己一生。

心灵处方

有些人总是会为了谋取一点利益而想方设法去欺骗别人，她们自以为很聪明，但是她们不知道自己欺骗了别人，自己最终也会被生活所遗弃。

46.5000 张股票

有一天，汤姆到酒吧喝闷酒，服务生见他一副眉头深锁的样子，便问他："先生，您到底为了什么事烦心呢？"

汤姆答道："上个月，我叔父去世，因为他没有后代，所以，在遗嘱中，将他仅有的 5000 张股票，全部留给了我！"

服务生听后安慰汤姆道："你的叔父去世固然让人觉得遗憾，但是人死不能复生；而且，你能继承你叔父的股票，应该也算是一件好事啊！"

汤姆答道："一开始，我也认为是件好事。但问题是，这 5000 张股票，全部是面临融资催缴、准备断头的股票啊！"

假使你能选择正面的心态来面对问题，就算你真的面临像故事中的汤姆那样股票即将断头的危机，只要你能妥善应对，终究会有"解套"的一天。

就像手指扎了一根刺，乐观的人会高兴喊一声："幸亏不是扎在眼睛里！"悲观的人则会因这一根刺而怨恨不止，影响自己的生活。

要知道天底下没有绝对的好事和绝对的坏事，有的只是你如何选择面对事情的态度。如果你凡事皆抱着负面的心态来看待，那么就算让你中了 1000 万的彩金，也是坏事一桩。因为你害怕中了彩金之后，有人会觊觎你的钱财，进而对你采取不利的行动。

中岛熏曾说："认为自己'做不到'，只是一种错觉，我们开

始做某件事情前，往往先考虑做不做得到，接着就开始怀疑自己做得到。”因此，如果你在做任何事情之前，就一味地采取消极的心态，告诉自己绝对做不到，恐怕，只有一辈子住在自己一手打造的心灵“套房”。

心灵处方

坎伯曾经写道：“我们无法矫治这个苦难的世界，但我们能选择快乐地活着。”

47. 是谁的错

休斯·查姆斯在担任“国家收银机公司”销售经理期间，曾面临着一种最为尴尬的情况：该公司的财政发生了困难。这件事被在外头负责推销的销售人员知道了，并因此失去了工作的热忱，销售量开始下跌。到后来，情况极为严重，销售部门不得不召集全体销售员开一次大会，在全美各地的推销员皆被召去参加这次会议。查姆斯先生主持了这次会议。

首先，他请手下最佳的几位销售员站起来，要他们说明销售量为何会下跌。这些销售员被唤到名字以后，一一站起来，每个人都有一段最令人震惊的悲惨故事要向大家倾诉：商业不景气，资金缺少，人们都希望等到总统大选揭晓以后再买东西等等。

当第五个销售员开始列举使他无法平常销售配额的种种困难情况时，查姆斯先生突然跳到一张桌子上，高举双手，要求大家肃静。然后，他说道：“停止，我命令大会暂停十分钟，让我把我的皮鞋擦亮。”

然后，他命令坐在附近的一名黑人小工友把他的擦鞋工具箱拿来，并要求这名工友把他的皮鞋擦亮，而他就站在桌上不动。

在场的销售员都吓呆了。他们有些人以为查姆斯先生发疯了，他们之中开始窃窃私语。在这同时，那位黑人小工友先擦亮他的第一只鞋子，然后又擦另一只鞋子，他不慌不忙地擦着，表现出第一流的擦鞋技巧。

皮鞋擦亮之后，查姆斯先生给了小工友一毛钱，然后发表他的演说。

"我希望你们每个人，"他说，"好好看看这个小工友。"他拥有在我们整个工厂及办公室内擦皮鞋的特权。他的前任是位白人小男孩，年纪比他大得多，尽管公司每周补贴他五元的薪水，而且工厂里有数千名员工，但他仍然无法从这个公司赚取足以维持他的生活的费用。

这位黑人小男孩不仅可以赚到相当不错的收入，既不需要公司补贴薪水，每周还可存下一点钱来，而他和他的前任的工作环境完全相同，也在同一家工厂内，工作的对象也完全相同。

"现在我问你们一个问题，那个白人小男孩拉不到更多的生意，是谁的错？是他的错还是他顾客的错？"

那些推销员不约而同地大声说：

"当然了，是那个小男孩的错。"

"正是如此。"查姆斯回答说，"现在我要告诉你们，你们现在推销收银机和一年前的情况完全相同：同样的地区，同样的对象以及同样的商业条件。但是，你们的销售成绩却比不上一年前。这是谁的错？是你们的错，还是顾客的错？"

同样又传来如雷般的回答：

"当然，是我们的错！"

"我很高兴，你们能坦率承认你们的错。"查姆斯继续说："我现在要告诉你们。你们的错误在于，你们听到了有关本公司财务发生困难的谣言，这影响了你们的工作热忱，因此，你们就不像以前那般努力了。只要你们回到自己的销售地区，并保证在以后三十天内，每人卖出五台收银机，那么，本公司就不会再发生什么财务危机了。你们愿意这样做吗？"大家都说"愿意"，后来果然办到了。

心灵处方

同样，如果你日子过得不开心，工作干得不顺心，总之，一切都糟透了。那这是谁的错？这是你的错，不关别人的事。

心灵驿站

48. 助人为乐

放眼看去，人世间，尔虞我诈，损人不利己的事比比皆是，以至于帮助人似乎是傻子才会去干的事了。殊不知，这正是天堂与地狱的区别。

有一个人被带去观赏天堂和地狱，以便比较之后能聪明地选择他的归宿。他先去看了魔鬼掌管的地狱。第一眼看去令人十分吃惊，因为所有的人都坐在酒桌旁，桌上摆满了各种佳肴，包括肉、水果、蔬菜。

然而，当他仔细看那些人时，他发现他们当中没有一张笑脸，也没有伴随盛宴的音乐或狂欢的迹象。坐在桌子旁边的人看起来沉闷，无精打采，而且皮包骨。这个人发现每人的左臂都捆着一把叉，右臂捆着一把刀，刀和叉都有4尺长的把手：使它不能用来吃。所以即使每一样食品都在他们手边，结果还是吃不到，一直在挨饿。

然后他又去天堂，景象完全一样：同样食物、刀、叉与那些4尺长的把手，然而，天堂里的人们却都在唱歌、欢笑。这位参观者很不解：为什么情况相同，结果却如此不同。在地狱的人都挨饿，可是在天堂人吃得很好而且很快乐。最后，他终于看到了答案：地狱里每一个人都试图喂自己，可是一刀一叉以及4尺长的把手根本不可能吃到东西；天堂上的每一个都是喂对面的人，而且也被对面的人所喂，因为互相帮助，结果帮助了自己。

卡耐基指出：这个启示很明白。如果你帮助其他人获得他们需要的东西，你也因此而得到想要的东西，而且你帮助的人越多，你得到的也越多。

柯维则用另一个故事来说明和支持这一观点：

一个刮着北风的寒冷夜晚，路边一间简陋的旅店迎来一对上了年纪的客人，不幸的是，这间小旅店早就客满了。

“这已是我们寻找的第 16 家旅社了，这鬼天气，到处客满，我们怎么办呢?”这对老夫妻望着店外阴冷的夜晚发愁。

店里小伙计不忍心这对老年客人受冻，便建议说：“如果你们不嫌弃的话，今晚就住在我的床铺上吧，我自己打烊时在店堂打个地铺。”

老年夫妻非常感激，第二天照店价要付客房费，小伙计坚决拒绝了。临走时，老年夫妻开玩笑似的说：“只有像你这样经营旅店的人才够得上当一家五星级酒店的总经理。”

“那敢情好！起码收入多些可以养活我的老母亲。”小伙计随口应和道，哈哈一笑。

没想到两年后的一天，小伙计收到一封寄自纽约的来信，信中夹有一张来回纽约的双程机票，信中邀请他去拜访当年那对睡他床铺的老夫妻。

小伙计来到繁华的大都市纽约，老年夫妻把小伙计引到第五大街三十四街交汇处，指着那儿一幢摩天大楼说：“这是一座专门为你兴建的五星级宾馆，现在我正式邀请你来当总经理。”

年轻的小伙计因为一次举手之劳的助人行为，美梦成真。这就是著名的奥斯多利亚大饭店经理乔治·波非特和他的恩人威廉先生一家的真实故事。

有些人以为只有富有的人，才有成立“信托基金”的特权和

安全感。其实不然！每个人——我们每个人——都是一种真的很重要的信托基金：别人的信任。而获得别人信任的前提是你要有一颗助人为乐的心，那是一个人良好品质的体现。

心灵处方

助人为乐，与人为善往往就这么简单。帮助别人一般不会让自己损失什么，恰恰相反，有时还会给自己带来意想不到的好运。

49. 老和尚的故事

这里有一个是关于一位老和尚的故事，他早已离开全世，然而在他生活过的这座小城里，人们至今还经常谈论着他的故事。

他的故事情节很简单，就是扫地，一早到晚扫地，扫地，再扫地。

天蒙蒙亮的时候，他就开始在那里扫地了。从寺内扫到寺外，扫到大街上，扫出城门，一直扫出离城十几里，也许几十里以外。天天如此，月月如此，年年如此。

小城的年轻人，从小就看见这个老和尚在扫地；年轻人的父亲从小也看见这个老和尚在扫地；那些做了爷爷的，从小常看见这个老和尚在扫地。这个老和尚是很老很老的了，老得慈眉善目，像一尊罗汉。他好像老到一定的程度就稳定下来，不再发生变化了。像是一株古老的松柏，不见它再抽枝发芽，却也不再见它衰老。

没有人知道这位老和尚已经活过多少岁月，但是小城的人却记得他离开尘世的日期，是这位老和尚预先告知他的弟子的。到了这一天，他果然坐在蒲团上，安然圆寂了。小城的俗众也为他修成正果诵经念佛，香烟缭绕着万户千家。

又过了若干年，才有人发现了那位老和尚确切的生辰年月。此人是这小城的一位长者，在一个春暖花开的季节，他闲步郊外，

走过一座小桥，见桥石上镌着字，字迹大部磨损，仔细辨认，才知道石上镌着的正是那位老和尚的传记。传文说，根据老和尚遗留的度碟记载推算，他享年一百三十又七岁。从盘古开天地，得享此高寿者未知有几，小城人于是称其为佛祖临世。你能认为是荒诞的吗？

据说军阀孙传芳部队有一位将军在这小城扎营时，忽然放下屠刀，恳求老和尚收他为佛门弟子。将军于是丢下他的兵丁，拿着扫把，跟在老和尚的身后扫地。老和尚心中自是了然。

不知道那位将军以后怎样了，但他至今却还留在这小城人的心里。

心灵处方

人人都把心地扫，世上无处不净地。快把你的心地打扫干净，等待一种新的境界来临。这是一个人能否超脱的标志。

50. 皇帝陛下

亚历山大大帝骑马旅行到俄国西部。一天，他来到一家乡镇小客栈，为进一步了解民情，他决定徒步旅行。当他穿着没有任何军衔标志的平纹布衣走到了个三岔路口时，记不清回客栈的路了。

亚历山大无意中看见有个军人站在一家旅馆门口，于是他走上去问道："朋友，你能告诉我去客栈的路吗？"

那军人叼着一只大烟斗，头一扭，高傲地把这身着平纹布衣的旅行者上下打量一番，傲慢地答道："朝右走！"

"谢谢！"大帝又问道，"请问离客栈还有多远！"

"一英里。"那军人生硬地说，并瞥了陌生人一眼。

大帝抽身道别刚走出几步又停住了，回来微笑着说："请原谅，我可以再问你一个问题吗？如果你允许我问的话，请问你的军衔是什么？"

军人猛吸了一口烟说："猜嘛。"

大帝风趣地说："中尉？"

那烟鬼的嘴唇动了下，意思是说不止中尉。

"上尉？"

烟鬼摆出一副很了不起的样子说："还要高些。"

"那么，你是少校？"

"是的！"他高傲地回答。于是，大帝敬佩地向他敬了礼。

少校转过身来摆出对下级说话的高贵神气，问道："假如你不介意，请问你是什么官？"

大帝乐呵呵地回答："你猜！"

"中尉？"

大帝摇头说："不是。"

"上尉？"

"也不是！"

少校走近仔细看了看说："那么你也是少校？"

大帝镇静地说："继续猜！"

少校取下烟斗，那副高贵的神气一下子消失了。他用十分尊敬的语气低声说："那么，你是部长或将军？"

"快猜着了。"大帝说。

"殿……殿下是陆军元帅吗？"少校结结巴巴地说。

大帝说："我的少校，再猜一次吧！"

"皇帝陛下！"少校的烟斗从手中一下掉到了地上，猛地跪在大帝面前，忙不迭地喊着："陛下，饶恕我！陛下，饶恕我！"

"饶你什么？朋友。"大帝笑着说，"你没伤害我，我向你问路，你告诉了我，我还应该谢谢你呢！"

很多时候，我们需要别人宽容，也要宽容别人，一味争、抢只能使你陷入孤立。

大千世界，难免会有被人误会的时候，这时你可否会发出沉重的呼声。

也许你并不是一个脾气暴躁的人，也不会对所有的事情都发脾气，可是就有一两个人老是惹你生气，他们可能是你的老朋友，邻居或同学。

就像你老觉得别人在侮辱你一样，不管你做什么事，他都做得比你好，或者他会说哪个人做得比你好。你和他在一起的时候，

只好开始夸耀自己，宣扬自己的成就，甚至可能夸大自己的能力。你为了报复，只好开始侮蔑他，同时愈来愈觉得愤怒和厌恶。你不仅无法忍受别人，你也变得不喜欢自己了。

令人最生气的人，很可能也是你最亲爱的人。即使是全副武装的敌人，也不至于像你身边的人给你那么猛烈的攻击。

我们都知道谁是自己的敌人，也知道为什么他是我们的敌人；可是对亲近的人而言，我们却常常否认彼此之间存在的困扰，而且还要为他找借口否认真正的问题——直到下一次，怒火又上升了为止。

到底是谁怎么惹你生气的？你现在可能知道答案，也可能不知道。但你可以一直探究下去，知道惹你生气的人是谁，他做了什么事，你有什么感觉，还有问题在哪里。如果你老是被同一个人激怒，你可能会发现他的某些行为特别容易惹你生气。

心灵处方

每个人都应拥有一颗王者之心，具有超凡的宽容。用我们伟大的心灵去创造辉煌的业绩，何尝不具有一种王者风范呢？

51. 羡慕自己

在莱茵河畔，一位青年正垂头丧气地来回走动着，他心烦意乱，真想跳进河里一死了之。

他舍不得这个世界，正在犹豫不决，一位牧师经过他的身边，停下来问道："小伙子，你有心事吗?"

青年深深地叹了口气说："我叫莱恩，但上帝从来没给我来恩，年近 30 岁一事无成，一文不名，家里还有个叫人看了就恶心的黄脸婆，这样的日子我真受够了。"牧师听了微笑着问道："莱恩先生，那么你的理想是什么呢? 说出来，看看我能不能帮你实现。"莱恩说："我曾经有三个理想，做像怀特那样的超级大富翁，做像斯皮尔那样的高官，如果这两个不能实现，那么我想娶布蕾丝那样的漂亮女人做妻子。"牧师笑着说："莱恩，这很容易，你跟我来吧!"说着，转身就走。莱恩大喜过望，紧紧跟在了后边。

牧师领着莱恩先来到世界超级富翁怀特的豪宅，只见他正躺在床上大声咳嗽，脸色蜡黄，面前的金盆里是他刚吐过的带血丝的痰。牧师转身对莱恩说："怀特先生不惜牺牲自己的健康追求财富，为了得到财富，他付出了超负荷的精力，结果财富得到了，他却累倒了。他还不知道自己的三个儿子正祈祷他早日升天，好早日继承遗产呢。"

牧师说着，领着莱恩来到另一间房间，只见怀特的三个儿子正在和几位漂亮小姐喝酒，一副声色犬马的样子，莱恩看了十分恶心，不由掉转身子。牧师对莱恩说："我们再去拜访一下议长斯皮尔吧！"

俩人又来到斯皮尔的官邸，只见他身边围着几个人，显然是保镖。斯皮尔吃饭，保镖先尝。斯皮尔睡觉，保镖都瞪大了眼睛盯着他，就是斯皮尔上厕所，他们也在马桶旁蹲着。牧师对莱恩说："斯皮尔的政敌很多，稍不注意就要遭到黑手，他就是上街散步，保镖都寸步不离。"莱恩叹了口气，失望地说："那他和蹲监狱有什么两样？"牧师无奈地摇摇头说："我们再去看看当代最红、最性感的女明星布蕾丝吧。"说着，他领着莱恩来到布蕾丝的家里。

布蕾丝正冲一位菲律宾佣人大发脾气，她甚至拿起手里的烟头朝佣人身上扎，佣人的皮肤很快起了泡。佣人硬挺着，不敢呻吟。牧师悄悄对莱恩说："如果他发出惨叫的话，将招致更严厉的惩罚。"布蕾丝折磨完佣人，要回房睡觉了。这时一个女佣走进来对她说："小姐，伯格先生求见。"布蕾丝眼皮也不抬地吩咐道："叫他给我滚出去，今天我已经和他离婚了，与他什么关系也没有了。"佣人小心地答应着要退出去，布蕾丝又说："顺便带个信儿给他，明天我就要和我的第12任丈夫结婚了，他有兴趣的话，可以来参加我们的婚礼。"说完，"啪"一声关上了房门。

莱恩看得目瞪口呆。从布蕾丝家出来后，牧师问莱恩："小伙子，三个理想，你随便挑一个，我都可以替你实现。"莱恩想了一会儿，说："不，牧师，其实我什么也不缺，与怀特先生相比，我有他所有金钱都买不来的健康，与斯皮尔先生相比，我有他没有的自由，至于布蕾丝嘛，我老婆可比他贤淑善良多了……"牧师满意地伸出手来和莱恩相握，莱恩满脸笑意，一抹温暖的阳光洒在他们的身上。

心灵处方

生活中，每个人都会有不尽人意的地方。我们不妨换个角度去看，你会发现，你自己什么也不缺，你最应该羡慕不是别人而恰恰是你自己。

第四章

简单智慧　变通生命

1. 把珠宝投入大海

从前，有位商人和他长大成人的儿子一起出海远行。他们随身带上了满满一箱子珠宝，准备在旅途中卖掉，但是没有向任何人透露过这一秘密。一天，商人偶然听到了水手们在交头接耳。原来，他们已经发现了他的珠宝，并且正在策划着谋害他们父子俩，以掠夺这些珠宝。

商人听了之后吓得要命，他在自己的小屋内踱来踱去，试图想出个摆脱困境的办法。儿子问他出了什么事情，父亲于是把听到的全告诉了他。

"同他们拼了！"年轻人断然道。

"不，"父亲回答说，"他们会制服我们的！"

"那把珠宝交给他们？"

"也不行，他们还会杀人灭口的。"

过了一会，商人怒气冲冲地冲上了甲板，"你这个笨蛋儿子！"他叫喊道，"你从来不听我的忠告！"

"老头子！"儿子叫喊着回答，"你说不出一句值得我听进去的话！"

当父子俩开始互相谩骂的时候，水手们好奇地聚集到周围。商人然后冲向他的小屋，拖出了他的珠宝箱。"忘恩负义的儿子！"商人尖叫道，"我宁肯死于贫困也不会让你继承我的财富！"说完这些话，他打开了珠宝箱，水手们看到这么多的珠宝时都倒吸了口凉气。商人又冲向了栏杆，在别人阻拦他之前将他的宝物全都投入了大海。

过了一会儿，父与子都目不转睛地注视着那只空箱子，然后俩人躺倒在一起，为他们所干的事而哭泣不止。后来，当他们单独一起呆在小屋时，父亲说："我们只能这样做，孩子，再没有其他的办法可以救我们的命！"

"是的，"儿子答道，"您这个法子是最好的了。"

轮船驶进了码头后，商人同他的儿子匆匆忙忙地赶到了城市的地方法官那里。他们指控了水手们的海盗行为和犯了企图谋杀罪，法官逮捕了那些水手。法官问水手们是否看到商人把他的珠宝投入了大海，水手们都一致说看到过。法官于是判决他们都有罪。法官问道："什么人会弃掉他一生的积蓄而不顾呢，只有当他面临生命的危险时才会这样去做吧？"水手们主动赔偿了商人的珠宝，法官因此饶了他们的性命。

心灵处方

久经商场磨炼的商人见识确实高人一筹，这种绝处求生的应变智慧使他们既保住了命，又使钱财失而复得。

2. 一句话的智慧

第二次世界大战后期盟军发动一次大攻势期间，当时的盟军统帅艾森豪威尔（后来成为美国第 34 任总统）有天在莱茵河附近散步，遇见一名看来神情沮丧的大兵。“你还好吗，孩子?”他问道。

“将军，”那年轻人回答，“我烦得要死。”

“那你跟我真是难兄难弟，”艾森豪威尔说，“因为我也很心烦。也许，如果我们一起散散步，对大家都会有好处。”

没有打官腔，也没有讲任何的大道理。但这几句话多具鼓励作用!

我曾由于钦仰霍华德·韩德利克斯，决定参加一个他参与主持的讲习班。他的风格、诚意、才华和信心，都从他所说的每一句话中充分表露了出来。他可真是我见过的最出色教师。

但不久之后，我泄气了，认为自己永远不可能比得上他。

有一天，他似乎察觉到了我的心意，或许那也是全班的共同感受。于是，他停止了授课，开始坦诚地对我们说起自己的经历。他平静地叙述他的失败，又说他曾几次想放弃教学生涯。我们听了都不禁笑了起来，但随即就觉得心里很难受和很同情他。我了解到他也是血肉之躯，不是完人，和我们大家没有两样。

“人生不是百米短跑，”他对我们说，“它是一场马拉松比赛，最后获胜的通常都是那些像你我那样拖着沉重脚步慢慢奔跑的人。”

心灵处方

一句箴言说：“一句简单话，若说得适当，有如银盘中放上金苹果。”

3. 大师和孩子

日本的白隐禅师，是位生活纯净的修行者。因此受到乡里居民的称颂，都认为他是个可敬的圣者。

有一对夫妇，在他住处附近开了一家食品店，家里有一个漂亮的女儿。不料，夫妇俩发现女儿的肚子无缘无故地大起来。这种见不得人的事，使得她的父母异常震怒！好端端的黄花闺女，竟做出不可告人的事。在父母的逼问下，她起初不肯招认那个人是谁，但犹豫再三之后，她终于吞吞吐吐说出“白隐”两字。

她的父母怒不可遏地去找白隐理论，大师不置可否，只若无其事地答道：

“就是这样吗?”

孩子生下来后，就被送给白隐。此时，他虽已名誉扫地，却不以为然，只是非常细心地照顾孩子——他向邻居乞求婴儿所需的奶水和其他用品，虽不免横遭白眼，或是冷嘲热讽，他总是泰然处之，仿佛是受托抚养别人的孩子一般。

事隔一年后，这位没有结婚的妈妈，终于不忍心再欺瞒下去了。她老老实实地向父母吐露真情：孩子的生父是在鱼市工作的一名青年。

她的父母立即将她带到自隐那里，向他道歉，请他原谅，并将孩子带回。

白隐仍然是淡然如水，他没有表示，也没有乘机教训他们；他只是在交回孩子时候，轻声说道：“就是这样吗？”仿佛不曾发生过什么事；即使有，也只像微风吹过耳畔，霎时即逝。

白隐超乎“忍辱”的德行，赢得了更多、更久的称颂。

想想我们所遇到的挫折或耻辱，比之白隐，又算得了什么？白隐泰然自若，淡然处世的情怀，真不愧为一代禅师！

“就是这样吗？”那么慈悲，那么轻柔。那是恒久的忍耐化为无形的坚毅，那是凡事包容化成无上悲悯。

“就是这样吗？”无数的干戈，都化成了片片的玉帛。

“就是这样吗？”短短的一句话里，蕴含了无限的慈悲与智慧。

心灵处方

本来无一物，何处染尘埃。当看到和尚的名片上印着“处级待遇”时，我们不必讥笑他，而是应想一想，我们心中是否有佛？

4. 不能省略的阳光

一家著名的国际贸易公司高薪招聘业务人员，应征者络绎不绝。在众多的应聘者中，有一位年轻人条件最好。毕业于名牌大学，又有在市外贸公司工作三年的经验，所以他坐在主考官面前时，非常自信。

"你在外贸具体做什么？"主考官开始发问。

"做山野菜。"

"哦，做山野菜。那你说说，对业务人员来说，是产品重要，还是客户重要？"

年轻人想了想，说："客户重要。"

主考官看了看他，又问："你做山野菜应该知道，山野菜中，蕨菜出口主要是对日本，以前销路非常好，有多少收多少，可是最近几年，国外客商却不要了，你说说为什么。"

"因为菜不好。"

"那你说说，为什么不好？"

"嗯，"年轻人停顿了一下，"就是质量不好。"

主考官看了看他，说："我敢断定，你没有去过产地。"

年轻人看着主考官，沉默了30秒钟，没有说是，也没有说不是。却反问："你说说怎么能看出我去没去过？"

"如果你去过，就应该知道为什么菜不好。采集蕨菜的最佳时间只有十天左右，这期间的蕨菜鲜嫩好吃，早了不成，晚了就老了。采好后，要摊开放在地里晾晒一天，第二天翻个个，再晾晒一天，把水分蒸发干，然后再成把捆好，装箱。等食用时放在凉水里浸泡一下就可以了。可是当地农民为了多采多卖，把蕨菜采到家，来不及放在地上晾晒，而是放在热炕上暖，这样只用两个小时就烘干了。这样加工处理的蕨菜，从外表上看都一样，可是食用时，不管放在水里怎么泡，都像老树根一样，又老又硬，根本咬不动。国外客商发现后，对此提出警告，一次，两次，还是如此。结果，人家干脆封杀，再不从我国进口了！”

年轻人听了，不好意思地低下头说：“我是没有去过产地，所以不知道你说的这些事。”

年轻人带着遗憾走出公司的大楼。这位最有希望人选的年轻人，最终没有被录取。这样的结局，从他离开主考官的那一刻，就已经知道了。他非常清楚：像这样著名的公司，是不会录取他这样一个在外贸工作三年、整天陪客户吃饭却没有去过一次产地的业务人员的！他就像那些一心想加工速成蕨菜的农民，省略了两天的阳光，但最终被烘干的却是自己！

心灵处方

阳光是质量的灵魂，省略了阳光，你生意就会枯萎，阳光是生命的灵魂，省略了阳光，生命则会黯然失色。

5. 会动脑子的应聘者

佛瑞迪当时只有 16 岁，在暑假将临的时候，他对爸爸说：

“爹，我不要整个夏天都向你伸手要钱，我要找个工作。”父亲从震惊中恢复过来之后对佛瑞迪说：“好啊，佛瑞迪，我会想办法给你找个工作，但是恐怕不容易。现在正是人浮于事的时候。”

“你没有弄清我的意思，我并不是要您给我找个工作。我要自己来找。还有，请不要那么消极。虽然现在人浮于事，我还是可以找个工作。有些人总是可以找到工作的。”

“哪些人？”父亲带着怀疑问。

“那些会动脑筋的人。”儿子回答说。

佛瑞迪在“事求人”广告栏上仔细寻找，找到了一个很适合他专长的工作，广告上说找工作的人要在第二天早上 8 点钟到达 42 街一个地方。佛瑞迪并没有等到 8 点钟，而在 7 点 45 分钟就到了那儿。可他看到已有 20 个男孩排在那里，他只是队伍中的第 21 名。

怎样才能引起特别注意而竞争成功呢？这是他的问题，他应该怎样处理这个问题？根据佛瑞迪所说，只有一件事可做——动脑筋思考。因此他进入了那最令人痛苦也是令人快乐的程序——思考。在真正思考的时候，总是会想出办法的，佛瑞迪就想出了一个办法。他拿出一张纸，在上面写了一些东西，然后折得整整齐齐，走向秘书小姐，恭敬地对她说：“小姐，请你马上把这张纸条转交给你的老板，这非常重要。”

她是一名老手，如果他是个普通的男孩，她就可能会说：“算了吧，小伙子。你回到队伍的第 21 个位子上等吧。”但是他不是普通的男孩，她直觉感到，他散发出一种自信的气质。她把纸条收下。

“好啊!”她说，“让我来看看这张纸条。”她看了不禁微笑了起来。她立刻站起来，走进老板的办公室，把纸条放在老板的桌上。老板看了也大声笑了起来，因为纸条上写着：

“先生，我排在队伍中第 21 位，在你没有看到我之前，请不要作决定。”

他是不是得到了工作？他当然得到了工作，因为他很早就学会了动脑筋。一个会动脑筋思考的人总能掌握住问题，也能够解决它。

心灵处方

只要肯开动大脑这部机器，办法总会比困难多。就像处于第 21 位的小男孩，是没有什么优势可言的，但动脑子的结果却使他战胜了占据有利地位的对手。

6. 他山之石

一百多年前，医生们虽然能够进行外科手术，但是死亡率却非常高。十个手术病人之中，一半以上的病人会感染死去，明明手术很成功，但伤口却发红发肿，化脓溃烂，最后痛苦地死去。医生们不知道这是什么原因，也不知道怎么防止感染。

英国医生李斯特是一个很出色的外科医生，虽然他的外科技术很高超，但也无法防止病人手术后的感染，经常眼睁睁地看着病人死去。苦恼的李斯特一直在积极寻找着解决问题的办法，与其他外科医生不同的是，他的目光并没有仅仅局限于外科手术这一狭小的范围之内。

有一次，李斯特看到法国出版的一本生物学杂志，里面有一篇法国科学家巴斯德的探讨生命起源的论文。巴斯德通过大量实验证明：生命不是无中生有，是空气中的生命孢子进入的结果；有机物的腐败和发酵也是微生物进入的结果。

这篇文章表面看起来与李斯特的外科手术并没有直接关系，但李斯特却从中汲取了丰富的营养。他想：病人伤口的感染化脓，不也是一种有机物的腐败现象吗？这个看不见的微生物世界、影响着我们的生活，也肯定影响着外科手术。

根据这种思想，李斯特在手术之前严格地洗手，将手术器械严格地煮沸，在伤口上用煮沸过的纱布包扎，以防止空气中的微生物感染伤口。后来他又寻找到一种杀灭细菌的药剂。运用这些办法以后的手术，死亡率大大降低。就这样，李斯特从一篇表面上看来似乎毫不相关的文章中受到启发，从而创立了消毒外科学。

心灵处方

他山之石，可以攻玉。善于借助他山之石的人是聪明而智慧的人。

7. 智慧后面

两个青年一同开山，一个把石块砸成石子运到路边，卖给建房的人；一个直接把石块运到码头，卖给杭州的花鸟商人。因为这儿的石头总是奇形怪状，他认为卖重量不如卖造型。3 年后，他成为村上第一个盖起瓦房的人。

后来，不许开山，只许种树，于是这儿成了果园。每到秋天，漫山遍野的鸭梨招徕八方客商，他们把堆积如山的梨子成筐成筐地运往北京和上海，然后再发往韩国和日本。因为这儿的梨，汁浓肉脆，纯正无比。

就在村上的人为鸭梨带来的小康日子欢呼雀跃时，曾卖过石头的那果农卖掉果树，开始种柳。因为他发现，来这儿的客商不愁挑不到好梨子，只愁买不到盛梨子的筐。5 年后，他成为村里第一个在城里买房的人。

再后来，一条铁路从这儿贯穿南北，这儿的人上车后，可以北到北京，南抵九龙。小村对外开放，果农也由单一的卖果开始谈论果品加工及市场开发。就在一些人开始集资办厂的时候，还是那个村民，在他的地头砌了一垛 3 米高、百米长的墙。这垛墙面向铁路，背依翠柳，两旁是一望无际的万亩梨园。坐车经过这儿的人，在欣赏盛开的梨花时，会突然看到四个大字：可口可乐。据说这是五百里山川中唯一的一个广告，那垛墙的主人凭这垛墙，第一个走出了小村，因为他每年有 4 万元的额外收入。

20 世纪 90 年代末，日本丰田公司亚洲区代表山田信一来华考察，当他坐火车路过这个小山村时，听到这个故事，他被主人公罕见的商业化头脑所震惊，当即决定下车寻找这个人。

当山田信一找到这个人的时候，他正在自己的店门口与对门的店主吵架，因为他店里的一套西装标价 800 元的时候，同样的西装对门标价 750 元，他标价 750 元的时候，对门就标价 700 元。一月下来，他仅批发出 8 套西装，而对门却批发出 800 套。

山田信一看到这种情形，非常失望，以为被讲故事的人欺骗了。当他弄清真相之后，立即决定以百万年薪聘请他，因为对门的那个店也是他的。

心灵处方

物质和知识的贫穷并不可怕，可怕的是缺少想象力和创造力的智慧。这智慧的后面才有金钱。也只有智慧的后面才有与众不同精彩无比的生命！

8. 含金的失误

有一次，古埃及国王胡夫举行盛大的国宴，厨工们忙得团团转。一名小厨工不慎将刚炼好的一盆羊油打翻在灶边，吓得他急急忙忙用手把混有羊油的碳灰一把一把地捧起来扔到外边去。扔完后赶紧洗手，手上竟出现滑溜溜、黏糊糊的东西，而且洗后的手特别干净。

小厨工发现这个秘密后，便悄悄地把扔掉的羊油碳灰捡回来，供大家使用，结果每个厨工都洗得又白又净。

后来，国王胡夫发现厨工们的手和脸洁白干净，没有了以往的油垢，便盘问起来。小厨工如实道出了原委。国王胡夫试后赞不绝口。很快，这个发现便在埃及全国推广开来，并传到了希腊的罗马。在这个发现的基础上，人们研制出了流行世界的肥皂。

1885年，亚特兰大市一个名叫潘伯顿的业余药剂师以柯树叶和柯树籽为基本原料，经过多次的试验，制成了一种具有兴奋作用的健脑药汁。这便是美国最初上市的可口可乐。但可口可乐的销量很低，潘伯顿也非常焦急。

有一天，一位头痛难忍的病人请求服用健脑药汁。店员在配药时，本应向瓶内注入自来水，实际上却误注了苏打水。病人一饮而尽。待店员醒悟过来感到束手无策之时，病人的头痛却止住了。店中众人禁不住连声称“妙”。潘伯顿颇受启发，立即往健脑药汁中加入一定量的苏打水，并在“包治神经百病”的广告旁边，添上了“苏醇可口、益气壮神”等赞语。可口可乐奇迹般地从一种药剂，摇身一变而成为风行世界的上等饮料，其销量与日俱增。

有一个德国工人，在生产书写纸时不小心弄错了配方，生产出一大批不能书写的废纸。他被扣工资、罚奖金，最后还遭到解雇。正当他灰心丧气的时候，他的一个朋友提醒他，让他仔细想一想，能否从失误中找到有用的东西。于是，他很快认识到，这批纸虽然不能做书写用纸，但是吸水性能相当好，可用来吸干器具上的水。于是，他将这批纸切成小块，取名“吸水纸”，投到市场后，相当抢手。后来，他申请了专利，成了大富翁。

心灵处方

失误是特殊的教育，是宝贵的经验，是正确的先导，这早已成为人们的共识。只有智慧的人才能在失误里发现可贵的金子。

9.1加1大于2

在奥斯维辛集中营，一个犹太人对他的儿子说："现在我们唯一的财富就是智慧，当别人说1加1等于2的时候，你应该想到大于2。"纳粹在奥斯维辛毒死536724人，父子俩却活了下来。

1946年，他们来到美国，在休斯敦做铜器生意。一天，父亲问儿子一磅铜的价格是多少？儿子答35美分。父亲说："对，整个得克萨斯州都知道每磅铜的价格是35美分，但作为犹太人的儿子，你应该说3.5美元。你试着把一磅铜做成门把看看。"

20年后，父亲死了，儿子独自经营铜器店。他做过铜鼓、做过瑞士钟表上的簧片、做过奥运会的奖牌。他曾把一磅铜卖到3500美元，这时他已是麦考尔公司的董事长。

然而，真正使他扬名的，是纽约州的一堆垃圾。

1974年，美国政府为清理给自由女神像翻新扔下的废料，向社会广泛招标。但好几个月过去了，没人应标。正在法国旅行的他听说后，立即飞往纽约，看过自由女神像下堆积如山的铜块、螺丝和木料，未提任何条件，当即就签了字。

纽约许多运输公司对他的这一愚蠢举动暗自发笑。因为在纽约州，垃圾处理有严格规定，弄不好会受到环保组织的起诉。就在一些人要看这个得克萨斯人的笑话时，他开始组织工人对废料进行分类。他让人把废铜熔化，铸成小自由女神像；他把木头等加工成底座；废铅、废铝做成纽约广场的钥匙。最后，他甚至把从自由女神身上扫下的灰尘都包装起来，出售给花店。不到 3 个月的时间，他让这堆废料变成了 350 万美元现金，每磅铜的价格整整翻了 1 万倍。

在商业化社会里，是没有等式可言的。当你抱怨生意难做时，也许有人正因点钞票而累得气喘吁吁。这里面的差别可能就在于：你认为 1 加 1 应该等于 2，而他认为 1 加 1 永远大于 2。

心灵处方

每一种行业中，都有人赚大钱，有人赚小钱，有人赔钱。其实大家的脑子都差不多。只不过有人用得多。有的人整天都让大脑休息。

10. 妈妈分苹果

一个人一生中最早受到的教育来自家庭，来自母亲对孩子的早期教育。美国一位著名心理学家为了研究母亲对人一生的影响，在全美选出50位成功人士，他们都在各自的行业中获得了卓越的成就，同时又选出50位有犯罪记录的人，分别去信给他们，请他们谈谈母亲对他们的影响。有两封回信给他的印象最深。一封来自白宫一位著名人士，一封来自监狱一位服刑的犯人。他们谈的都是同一件事：小时候母亲给他们分苹果。

那位来自监狱的犯人在信中这样写道：小时候，有一天妈妈拿来几个苹果，红红绿绿，大小各不同。我一眼就看见中间的一个又红又大，十分喜欢，非常想要。这时，妈妈把苹果放在桌上，问我和弟弟：你们想要哪个？我刚想说想要最大最红的一个，这时弟弟抢先说出我想说的话。妈妈听了，瞪了他一眼，责备他说：好孩子要学会把好东西让给别人，不能总想着自己。

于是，我灵机一动，改口说：“妈妈，我想要那个最小的，最大的留给弟弟吧。”

妈妈听了，非常高兴，在我的脸上亲了一下，并把那个又红又大的苹果奖励给我。我得到了我想要的东西，从此，我学会了说谎。以后，我又学会了打架、偷、抢，为了得到想要得到的东西，我不择手段。直到现在，我被送进监狱。

那位来自白宫的著名人士是这样写的：小时候，有一天妈妈拿来几个苹果，红红绿绿，大小各不同。我和弟弟们都争着要大的，妈妈把那个最大最红的苹果举在手中，对我们说："这个苹果最大最红最好吃。谁都想要得到它。很好，现在，让我们来做个比赛，我把门前的草坪分成三块，你们三人一人一块，负责修剪好，谁干得最快最好，谁就有权得到它！"

我们三人比赛除草，结果，我赢得了那个最大的苹果。

我非常感谢母亲，她让我明白一个最简单也最重要的道理：要想得到最好的，就必须努力争第一。她一直都是这样教育我们，也是这样做的。在我们家里，你想要什么好东西要通过比赛来赢得，这很公平，你想要什么、想要多少，就必须为此付出多少努力和代价！

推动摇篮的手，就是推动世界的手。母亲是孩子的第一任教师，你可以教他说第一句谎言，也可以教他做一个诚实的永远努力争第一的人。

心灵处方

如果你是孩子，请把这个故事讲给妈妈；如果你是妈妈，……因为这一种智慧，足以改变孩子一生的智慧。

11. 难得宽容

一位德高望重的长老，在寺院的高墙边发现一把座椅，他知道有人借此越墙到寺外。长老搬走了椅子，凭感觉在这儿等候。午夜，外出的小和尚爬上墙，再跳到“椅子”上，他觉得“椅子”不似先前硬，软软的甚至有点弹性。落地后小和尚才知道椅子已经变成了长老。小和尚仓皇离去，这以后一段日子他诚惶诚恐地等候着长老的发落。但长老并没有这样做，压根儿没提及这“天知地知你知我知”的事。小和尚从长老的宽容中获得启示，他收住了心再没有去翻墙，通过刻苦的修炼，成了寺院里的佼佼者，若干年后，成为这儿的长老。

无独有偶，有位老师发现一位学生上课时时常低着头画些什么，有一天他走过去拿起学生的画，发现画中的人物正是龇牙咧嘴的自己。老师没有发火，只是憨憨地笑着，要学生课后再加工画得更神似一些。而自此那位学生上课时再没有画画，各门课都学得不错，后来他成为颇有造诣的漫画家。

通过上面的例子，设想一下除去其他因素，归结到一点：主人公后来有所作为，与当初长老、老师的宽容不无关系，可以说是宽容唤起的潜意识，矫正了他们人生之舵。

宽容不仅需要“海量”，更是一种修养促成的智慧。事实上，只有那些胸襟开阔的人才会运用宽容。反之，长老若搬去椅子对小和尚“杀一儆百”，也没有什么说不过的，小和尚可能从此收敛，但绝不会真正反省，也就没了以后的故事。同样，老师对学生的恶作剧通常是大发雷霆继而是狠狠批评。其实这都涉及到一个问题，就是怎样理顺人与人的对应关系，使其达到和谐的统一。你可以把对方“管”得规规矩矩，“理”得笔笔直直，但你不会运用宽容，就可能把人的可塑性和创造力给泯灭了。

心灵处方

我们不是倡导无原则的放纵，只是提醒各位，宽容是人生一大智慧，适度的宽容比硬性的批评更能维护一个人的尊严，也更益于其迷途知返。

12. 只差一项

有一批应届毕业生22个人，实习时被导师带到北京的国家某部委实验室里参观。全体学生坐在会议室里等待部长的到来，这时有秘书给大家倒水，同学们表情木然地看着她忙活，其中一个还问了句："有绿茶吗？天太热了。"秘书回答说："抱歉，刚刚用完了。"有一个名叫林晖的学生看着有点别扭，心里嘀咕："人家给你倒水还挑三拣四的。"轮到他时，他轻声说："谢谢，大热天的，辛苦了。"秘书抬头看了他一眼，满含着惊奇，虽然这是很普通的客气话，却是她今天唯一听到的一句。

门开了，部长走进来和大家打招呼，不知怎么回事，静悄悄的，没有一个人回应。林晖左右看了看，犹犹豫豫地鼓了几下掌，同学们这才稀稀落落地跟着拍手，由于不齐，越发显得零乱起来。部长挥了挥手："欢迎同学们到这里来参观。平时这些事一般都是由办公室负责接待，因为我和你们的导师是老同学，非常要好，所以这次我亲自来给大家讲一些有关情况。我看同学们好像都没有带笔记本，这样吧，王秘书，请你去拿一些我们部里印的纪念手册，送给同学们作纪念。"接下来，更尴尬的事情发生了，大家都坐在那里，很随意地用一只手接过部长双手递过来的手册。部长脸色越来越难看，走到林晖面前时，已经快要没有耐心了。就在这时，林晖礼貌地站起来，身体微倾，双手握住手册恭敬地说了一声："谢谢您!"部长闻听此言，不觉眼前一亮，伸手拍了拍林晖的肩膀："你叫什么名字?"林晖照实作答，部长微笑点头回到自己的座位上。早已汗颜的导师看到此景，微微松了一口气。

两个月后，毕业分配表上，林晖的去向栏里赫然写着该部委实验室。有几位颇感不满的同学找到导师："林晖的学习成绩最多算是中等，凭什么选他而没选我们?"导师看了看这几张尚属稚嫩的脸，笑道："是人家点名来要的。其实你们的机会是完全一样的，你们的成绩甚至比林晖还要好，你们比他只差一项，差一项修养。"

心灵处方

做事先做人，这句话是很古老的一句话，却永不过时。一个人的道德修养是其事业的基础所在，差了这一项，难道是想建成空中楼阁?

13. 两名大学生

两个学生，大学同班。由于家境不好，都对父母供养自己读书抱有感激之情。一个认为，应好好学习，争取各科第一；一个认为，应打工挣钱，力争减轻父母负担。

第一个学生，每天一早第一个走进教室，每晚最后一个离开。他的笔记也是全班做的最全面最工整的一个。老师非常喜欢他一，让他做了学习委员。

星期天，他从不像其他学生那样出去郊游、逛街，他认为那样对不起良心。为了多学点东西，也为了走向社会能找个好工作，课余时间，他选修了心理学、逻辑学、公共关系学等专业之外的学科，一有空，他就到图书馆翻资料、做笔记。由于他勤奋好学，成绩突出，他几乎获得了学校设定的每一项荣誉。每当他把这些写信告诉父母，父母心里也总是升起无限的安慰和满足，他们为有这样懂事的孩子而骄傲，他们认为再苦再累都值得。

第二个学生很让父母担心，有几次他们甚至想断了他的学业，因为他们省吃俭用，供他上学，他不仅没考过一次好成绩，有一次还挂了红灯。更可气的是，军训一结束，他竟干了一件让父母丢脸的事——低三下四到各学生宿舍收购军训服，然后倒卖给小商小贩。这一次他虽然赚了两个月的生活费，但是却让父母整整不舒服了一学期。他们想，父母再穷，难道就缺你这几个钱吗？放假的时候，两位老人苦口婆心地说：只要你能专心学习，考出成绩，我们再苦再累都心甘。

最让两位老人不能容忍的是，大学二年级的时候，他竟写信来说，以后再不要他们的钱了。接信后两位老人的心简直都伤透了，这个孩子竟是这样不听话，以断绝和父母的经济往来，来抗议父母的苦心劝告。最后得知儿子是因策划一种“高考文化衫”赚了钱，心里才稍稍安慰了些。不过他们已不再对他寄什么希望，他们想，他学不好，将来找不到工作，那是他自作自受。

大学毕业那年许多学生都忙着寄求职信，参加人才市场竞争，只有他无动于衷，因为这时他已是两个公司的老板。最具戏剧性的是，在他公司求职的信中，竟有好几位是他同班同学的，其中包括那位学习最好的学生。

心灵处方

首先我还是要说学业是非常重要的，通过努力学习可以使自己成为一名很好的专业人才。但也有一些才能和智慧是现阶段的学校课堂无法教给你的。另外，即使你自己创业当老板，也必须不断学习新的实用知识。

14. 博士求职

有一位留学美国的计算机博士，毕业后在美国找工作，结果接连碰壁，许多家公司都将这位博士拒之门外。这样高的学历，这样吃香的专业，为什么找不到一份工作呢？

万般无奈之下，这位博士决定换一种方法试试。

他收起了所有的学位证明，以一种最低身份再去求职。不久他就被一家电脑公司录用，做一名最基层的程序录入员。这是一份稍有学历的人就都不愿去干的工作，而这位博士却干得兢兢业业，一丝不苟。没过多久，上司就发现了他的出众才华：他居然能看出程序中的错误，这绝非一般录人人员所能比的。这时他亮出了自己的学士证书，老板于是给他调换了一个与本科毕业生对口的工作。过了一段时间，老板发现他在新的岗位上游刃有余，还能提出不少有价值的建议，这比一般大学生高明，这时他才亮出自己的硕士身份，老板又提升了他。

有了前两次的经验，老板也比较注意观察他，发现他还是比硕士有水平，对专业知识的广度与深度都非常人可比，就再次找他谈话。这时他才拿出博士学位证明，并叙述了自己这样做的原因。此时老板才恍然大悟，毫不犹豫地重用了他。因为对他的学识、能力及敬业精神早已全面了解了。

这个博士是聪明的，碰了几次钉子后，他放下身份与架子，甚至让别人看低自己，然后在实际工作中一次次地展现自己的才

华，让别人一次一次地对自己刮目相看，他的形象就逐渐高大起来。许多年青人初人社会时，往往把自己的一堆头衔、底牌全部亮出来，夸耀自己，结果或者让别人反感难以与人合作，或者招来很高的期望值而让人失望，稍有失误便不好翻身。

心灵处方

有智慧的人也会碰壁，但他们懂得变通，所以他们能够取得成功。

15. 把大石块放在第一位

一天，时间管理专家为一群商学院的学生讲课。

“我们来个小测验。”专家拿出一个一加仑的广口瓶放在桌上。随后，他取出一堆拳头大小的石块，把它们一块块地放进瓶子里，直到石块高出瓶口再也放不下了。他问：“瓶子满了吗?”所有的学生应道：“满了。”他反问：“真的?”说着他从桌下取出一桶砾石，倒了一些进去，并敲击玻璃壁使砾石填满石块间的间隙。“现在瓶子满了吗?”这一次学生有些明白了，“可能还没有。”一位学生应道。“很好!”他伸手从桌下又拿出一桶沙子，把它慢慢倒进玻璃瓶。沙子填满了石块的所有间隙。他又一次问学生：“瓶子满了吗?”“没满!”学生们大声说。然后专家拿过一壶水倒进玻璃瓶直到水面与瓶口齐平。他望着学生，“这个例子说明了什么?”一个学生举手发言：“它告诉我们：无论你的时间表多么紧凑，如果你真的再加把劲，你还可以干更多的事!”“不。”专家说，“那还不是它的喻意所在。这个例子告诉我们，如果你不先把大石块放进瓶子里，那么你就再也无法把它们放进去了。那么，什么是你生命中的‘大石块’呢?你的信仰、学识、梦想，或是和我一样，传道授业解惑，切切记得先去处理这些‘大石块’，否则你会终生错过了。”

心灵处方

同样的空间，放置东西时的先后顺序不同，结局就大相径庭。所以要合理而科学地安排生命中东西的顺序，记住最重要的“大后块”一定要排在第一位。只有这样才能让生命开放如鲜花般灿烂。

16. 智者和愚者

两个乡下人，外出打工。一个去上海，一个去北京。可是在候车厅等车时，都又改变了主意，因为邻座的人议论说，上海人精明，外地人问路都收费；北京人质朴，见了吃不上饭的人，不仅给馒头，还送旧衣服。

去上海的人想，还是北京好，挣不到钱也饿不死，幸亏车没到，不然真掉进了火坑。

去北京的人想，还是上海好，给人带路都能挣钱，还有什么不能挣钱的？我幸亏还没上车。不然真失去一次致富的机会。

于是他们在退票处相遇了。原来要去北京的得到了上海的票，去上海的得到了北京的票。

去北京的人发现，北京果然好。他初到北京的一个月，什么都没干，竟然没有饿着。不仅银行大厅里的太空水可以白喝，而且大商场里欢迎品尝的点心也可以白吃。

去上海的人发现，上海果然是一个可以发财的城市。干什么都可以赚钱。带路可以赚钱，开厕所可以赚钱，弄盆凉水让人洗脸可以赚钱。只要想点办法，再花点力气都可以赚钱。

凭着乡下人对泥土的感情和认识，第二天，他在建筑工地装了十包含有沙子和树叶的土，以“花盆上”的名义，向不见泥土而又爱花的上海人兜售。当天他在城郊间往返六次，净赚了五十元钱。一年后，凭“花盆土”他竟然在大上海拥有了一间小小的门面。

在常年的走街串巷中，他又有一个新的发现：一些商店楼面亮丽而招牌较黑，一打听才知道是清洗公司只负责洗楼不负责洗招牌的结果。他立即抓住这一空当，买了人字梯、水桶和抹布，办起一个小型清洗公司，专门负责擦洗招牌。如今他的公司已有150多个打工仔，业务也由上海发展到杭州和南京。

前不久，他坐火车去北京考察清洗市场。在北京车站，一个捡破烂的人把头伸进软卧车厢，向他要一只空啤酒瓶，就在递瓶时，两人都愣住了，因为五年前，他们曾换过一次票。

心灵处方

智者深思熟虑，赢得每个瞬间：愚者疏忽大意，空耗大部生命。

17. 自然之道

七个旅行者和一个生物学家向导，结队到达南太平洋的加拉巴哥岛。那个海岛上有许多太平洋绿海龟用来孵化小龟的巢穴，他们想实地观察一下幼龟是怎样离巢进入大海的。

太平洋绿龟的体重约 150 公斤左右，幼龟不及它的百分之一，幼龟一般在四五月间离巢而出，争先恐后爬向大海。只是从龟巢到大海需要经过一段不短的沙滩。稍不留心便可能成为鹰等食肉鸟的食物。

那天上岛时已近黄昏，他们很快就发现一处大龟巢，突然，一只幼龟率先把头探出巢穴，却又欲出而止，似乎在侦察外面是否安全。正当幼龟踯躅不前时，一只嘲鹰突兀而来，它用尖嘴啄龟的头，企图把它拉到沙滩上去。

旅行者们紧张地看着眼前的一幕，其中一位焦急地问向导："你得想想办法啊!"向导却若无其事地答："叼就叼去吧，自然之道，就这样。"

向导的冷淡，招来了旅行者们一片"不能见死不救"的呼唤。向导极不情愿地抱起小龟，把它引向大海。

然而接着发生的事却使他们极为震惊——向导抱走幼龟不久，成群的幼龟从巢口鱼贯而出——那只原来是龟群'侦察兵'!一旦遇到危险，它便会返回龟巢。现在做侦察的幼龟被引向大海，巢中的幼龟得到错误信息，以为外面很安全，于是争先恐后地结伴而行。

沙滩上无遮无挡，很快引来许多食肉鸟，它们确实可以饱餐一顿了。

“天啊！”有个旅行者说，“看我们做了些什么！”

这时，数十只幼龟已成了嘲鹰、海鸥的口中之物，向导赶紧脱下头上的棒球帽，迅速抓起数十只幼龟，放进帽中，向海边奔去。旅行者也学着他的样子，气喘吁吁地来回奔跑，算是对自己过错的一种补救吧。

看着数十只食肉鸟吃得饱饱的，发出欢乐的叫声，旅行者们都低垂着头，向导发出悲叹：“如果不是我们人类，这些海龟根本

不会受到危害。”

心灵处方

自然之道，当有自己的规律，人是万物之灵，要懂得遵循它，因为当人自作聪明时，一切都可能走向反面。

18. 木炭与沉香

有一位年老的富翁，非常担心他从小娇惯的儿子的前途。虽然他有庞大的财产，却害怕遗留给儿子反而带来祸害。他想，与其留财产给孩子，还不如教他自己去奋斗。

他把儿子叫来，对儿子说了他如何白手起家，经过艰苦的拼搏才有今天。父亲的故事感动了这位从未出过远门的青年，激发了他奋斗的勇气，于是他立下誓愿：如果不找到宝物决不返乡。青年打造了一艘坚固的大船，在亲友的欢送中出海。他驾船渡过了险恶的风浪，经过无数的岛屿，最后在热带雨林中找到一种树木。这种树木高达十余米。在一片雨林中只有一两株。砍下这种树木，经过一年时间让外皮朽烂，留下木心沉黑的部分，会散现一种无比的香气。放在水中，它不像别的树木浮在水面，而会沉到水底去。青年心想：这真是无比的宝物呀！

青年把这香味无以比拟的树木运到市场出售，可是没有人来买，这使他非常烦恼。偏偏在与他相邻的摊位上有人在卖木炭，那小贩的木炭总是很快就卖光了。刚开始的时候青年还不为所动，日子一天天过去，他的信心终于动摇了，他想："既然木炭这么好卖，为什么我不把香树变成木炭来卖呢？"

第二天他果然把香木烧成炭，挑到市场，一会儿就卖光了。青年非常高兴自己能改变心意，得意地回家告诉他的老父。老父听了，忍不住落下泪来。

原来，青年烧成木炭的香木，正是这个世界上最珍贵的树木"沉香"，只要切下一小块磨成粉屑，价值就会超过一车的木炭。

这是佛经里释迦牟尼说的一个故事，他告诉我们两个智慧：一是许多人手里有"沉香"却不知道它的珍贵，反而羡慕别人手中的木炭，最后竟丢弃了自己的珍宝。

二是许多人虽知道希望成为圣贤是伟大的心愿，一开始也有成圣成贤的气概，但看到做凡夫俗子最容易、最不费工夫，最后他就出卖自己尊贵的志愿，沦落成凡夫俗子了。

人生最大的缺憾，就是和别人比较。和高人比较，使我们自卑；和俗人比较，使我们下流；和下人比较，使我们骄满。外表的比较是我们心灵动荡不能自在的来源，也使得大部分的人都迷失了自我，障蔽了自己心灵原有的氤氲馨香。

因此，佛陀说：一个人战胜一千个敌人一千次，远不及他战胜自己一次！

心灵处方

懂得珍惜，耐得住寂寞，是很多人都追寻的一种心态，可当我们手捧"沉香"，站在世俗的诱惑面前时，要能稳住自己，坚持信念，因为这才是我们生命中最为珍贵的珍宝。

19. 祈求自己

有一个人，性格内向，喜好安静，可妻子生性活泼，一天到晚有说不完的话。后来他们有了孩子，孩子的性格与他们的母亲一样，好说好动，一刻也不安宁。再后来，儿子又有了儿子，个个随祖母的脾气，叽叽喳喳，他真是烦死了。

无比烦恼的他来到了天堂，祈求上帝帮他解决这一问题。上帝正面对着墙上自己的像祈祷着。他非常纳闷："亲爱的主啊，你是万能的，为什么你也在祈祷呢?"

"自己的问题只能自己解决，你看，我还在祈求自己呢，你还是回去吧!"上帝在自己胸前画了一个十字，回头对他说。

他没有回去，而是和上帝讨价还价："万能的主啊，快救救我吧，你不知道，全家上下 20 口，每人嘴里都念叨不停，要是再呆上一刻，恐怕我就再也见不到你了。"

"唉!"上帝叹了口气，"除人之外，你家还有没有其他东西?"

"有。"他回答，"有 1 条狗、10 只鸡、20 只鸭。"

"听我的话，孩子，把这些东西全关在你们的屋里，一周后再来找我。"上帝说。

为了表示对主的虔诚，他照办了。一周后再次来到上帝的面前。"怎么样?"上帝问。

"更吵了，"他说，"人言，兽语，禽鸣，人兽人禽嬉戏的声

音，兽禽鸡鸭打斗的声音，……真是烦死了，地狱恐怕都不会这样吧？”

“孩子，回去把禽兽都赶出去，打扫一下房间，一周后你再来见我，”

不到一周，他就迫不及待地来到上帝的身边。“万能的主啊，我十分虔诚地向你表示感谢，现在一切都好了，我感觉世间原来是这样的安宁和幸福。”

“请不要感谢我，孩子。”上帝说。“每个人的上帝只能是自己，你应该感谢自己才对呀！”

他的眼里无比的怀疑。上帝继续说：“到我这里之前，你住在那样的环境，现在，你所处的环境依然没变呀！你能感到安宁和幸福，得益于你心态的改变和心灵的觉悟。”

心灵处方

在一生中，我们会遇到各种各样的困难、挫折、烦恼和坎坷，而能够帮我们走出困境的，不是万能的上帝，而只能是我们自己，身陷困境时，祈求自己，这是上帝教给我们把握生命的智慧真理。

20. 鞋带散了

有一家超市，生意相当红火，营业额每月以5%～8%的幅度增长。但有一月底，财务部却发现当月营业额比上个月下降了近10%。这是个相当严重的问题，财务部迅速将情况向总经理作了汇报，总经理又迅速召集了营销部的工作人员，责成他们立即调查营业额下降的原由。

营销部迅速展开了市场调查。但一个星期过去了仍一无所获。后来，一员工给总经理送去了一张报纸，营业额下降之谜才得以解开。

原来，在两个月前，有一名女顾客到这家超市购买生活用品，在结账的时候，她发现售货员少找了1元钱，但售货员坚持认为没找错，因此发生了一次小小的争执。尽管后来售货员让步了，但女顾客却认为受到了侮辱，便将此事写成了一篇短文，狠狠批评了该超市的服务质量，该文刊登在当地一社区主办的小报上，而这家超市有近四分之一的顾客来源于这个社区。

总经理立即叫人找来那名肇事的售货员，令他惊讶的是，站到他面前的竟是一名多年来连续获得“优质服务模范个人”称号的员工。

在交谈中，总经理知道了这位优秀职工失职的原因。

那天上班，她和平时一样，早早起了床，吃完早饭就匆匆赶到公交车站。就在她和一群上班族奋力挤向车门时，鞋带突然散了，鞋子立即从脚上掉了下来。她赶紧去找鞋子。等她穿好鞋子后，车子已经开走了，于是她只好等一下班车……那天她上班迟到了。当她刚刚迈进超市大门的时候，就受到管理人员的严厉批评。接下来的一段时间，她的心情一直很坏。当那位顾客对找回的零钱提出异议时，她的言语明显不够温和……

听完售货员的叙述，总经理思忖了一会儿，最后，他语气缓和却很郑重地说道："以后，请系紧你的鞋带，一刻都不要松懈。"一根松散的鞋带竟引发出一次不小的经营事故。

心灵处方

生活中一些微小的事情常常于无形中对我们产生巨大的影响。当我们抱怨生活没有给予自己好运气时，真实是正我们自己懈怠了人生，只感到了悲伤，是我们自己站在阳光的背面，只看到了阴影。

21. 砸烂较差的

雕塑家有一个十二岁的儿子。儿子要爸爸给他做几件玩具，雕塑家从来不答应，只是说：你自己不能动手试试么？

为了制好自己的玩具，孩子开始注意父亲的工作，常常站在大台边观看父亲运用各种工具，然后模仿着运用于玩具制作。父亲也从来不向他讲解什么，放任自流。

一年后，孩子好像初步掌握了一些制作方法，玩具造得颇像个样子。这样，父亲偶尔会指点一二。但孩子脾气倔，从来不将父亲的话当回事，我行我素，自得其乐。父亲也不生气。

又一年，孩子的技艺显著提高，可以随心所欲地摆弄出各种人和动物形状。孩子常常将自己的“杰作”展示给别人看，引来诸多夸赞。但雕塑家总是淡淡地笑，并不在乎似的。

有一天，孩子存放在工作室的玩具全部不翼而飞！他十分惊疑！父亲说：昨夜可能有小偷来过。孩子没办法，只得重新制作。半年后，工作室再次被盗！又半年，工作室又失窃了。孩子有些怀疑是父亲在捣鬼：为什么从不见父亲为失窃而吃惊、防范呢？

偶然一天夜晚，儿子从外边归来，见工作室灯亮着，便溜到窗边窥视：父亲背着手，在雕塑作品前踱步、观看。好一会儿，父亲仿佛作出某种决定，一转身，拾起斧子，将自己大部分作品打得稀巴烂！接着，将这些碎土块堆到一起，放上水重新混合成泥巴。孩子疑惑地站在窗外。这时，他又看见父亲走到他的那批小玩具前！只见父亲拿起每件玩具端详片刻，还亲吻似的！然后，父亲将儿子所有的自制玩具扔到泥堆里搅和起来！当父亲回头的时候，儿子已站在他身后，瞪着愤怒的眼睛！父亲有些羞愧，温和地抚摸儿子脸蛋，吞吞吐吐道：我，是，哦，是因为，只有砸烂较差的，我们才能创造更好的。

又十年，父亲和儿子的作品多次同获国内外大奖。

心灵驿站

心灵处方

“只有砸烂较差的，我们才能创造更好的。”的确，我们很多时候，只满足于眼前的成绩而没有再进一步的动力，也因为没有意识到这一点。不断进取才会创造生命中的辉煌！。

22. 跳过时间

一次，我为某事不得不等待，这时我想起了一个童话。

从前有个年轻的农夫，他要与情人约会。小伙子性急，来得太早，又不会等待。他无心欣赏那明媚的阳光、迷人的春色和娇艳的花姿，却急躁不安，一头倒在大树下长吁短叹。

忽然他面前出现了一个侏儒。

“我知道你为什么闷闷不乐，”侏儒说，“拿着这纽扣，把它缝在衣服上。你要遇着不得不等待的时候，只消将这纽扣向右一转，你就能跳过时间，要多远有多远。”

这倒合小伙子胃口。他握着纽扣，试着一转：啊，情人已出现在眼前，还朝着他笑送秋波呢！真棒啊，他心里想，要是现在就举行婚礼，那就更棒了。他又转了一下：隆重的婚礼，丰盛的酒席，他和情人并肩而坐，周围管乐齐鸣，悠扬醉人。他抬起头，盯着妻子的眸子，又想，现在要只有我俩该多好！他悄悄转了一下纽扣：立时夜阑人静……他心中的愿望层出不穷：我要座房子。他转动着纽扣：夏天和房子一下子飞到他眼前，房子宽敞明亮，迎接主人。我们还缺几个孩子，他又迫不及待，使劲转一下纽扣：日月如梭，顿时已儿女成群。

至此，他再没有要为之而转动纽扣的事了。回首往日，他不胜追悔自己的性急失算：我不愿等待，一味追求满足，恰如馋嘴人偷吃蛋糕里的葡萄干一样。眼下，因为生命已风烛残年，他才醒悟：即使等待，在生活中亦有其意义，唯有其他，愿望的满足才更令人高兴。

他多么想将时间往回转一点啊！他从梦中醒来，睁开眼，自己还在那生机勃勃的树下等着可爱的情人，然而现在他已学会了等待。一切焦躁不安已烟消云散。他平心静气地看着蔚蓝的天空，听着悦耳的鸟语，逗着草丛里的甲虫。他以等待为乐。

心灵处方

我们都不能急不可耐，有时等待是一种生命的过程，是一种必须的考验，一味地急于求成，往往只会事与愿违。

23. 五枚硬币的故事

不久前，我正在旅顺和朋友一起办事，听说陈家村有三位渔民因为木船机器出了故障，在海上漂了7天6夜，船上什么吃的都没有，村里人都以为他们死了，谁也没想到他们活着回来了。我听了，连忙赶去采访。三位渔民脸晒得黑红，坐在我们面前，讲述着曾经发生的故事，面带笑容，语气平淡，好像不是他们自己亲历而是发生在别人身上似的。

“你们开始的时候想到会漂7天吗?”

“没有，我们想再坚持一天，明天就会有人来救我们。如果一开始就知道要等7天，受这么多罪，我们可能会受不住。”为首的一位年纪较大的渔民说，他是这艘船的主人。

“第六天下午，我觉得自己坚持不住了，喝进去的海水在胃里翻腾，难受死了，就在这时候我们听见了马达声，看见有一条船朝我们开来，我们三人趴在船上喊救命，可是当船驶近的时候，船上的人却冲我们说：你们慢慢漂吧。我绝望地趴在船舷上想跳海自杀，是他救了我。”年纪较小的帮工感激地指着船主说。

船主不好意思地摸摸后脑勺：“其实也没什么，我只是给他们讲了一个五枚金币的故事。”

“小时候，我生活在内蒙古草原，有一次，我和爸爸在草原上迷了路，我又累又怕，到最后快走不动了。爸爸不哄我，他从兜里掏出5枚硬币，把一枚硬币埋在草地里，把其余的4枚放在我的手上，说：‘人生有5枚硬币，童年、少年、青年、中年、老年各有一枚，你现在才用了一枚，就是埋在草原上的那一枚，你不能把5枚都扔在草原，你要一点点地用，每一次都用出不同来，这样才不枉人生一世。今天我们一定要走出草原，你将来也一定要走出草原，世界很大，人活着，就要多走些地方，多看看。不要让你的硬币没用就扔掉。”

“我们走了一天一夜，终于走出了草原。我一直记得父亲说过的话，也一直保存着那4枚硬币。25岁的时候，我从电视上看到大海，我把第二枚硬币埋在草原，带着其余的三枚硬币一个人乘车来到大连旅顺，当了一名水手。今年是我来海上的第9个年头了，我刚刚用攒下的钱买下这条12马力的新木船，我一生的梦想，是能有一条可以远洋的100马力以上的铁船。我们还年轻，还有人生的三枚硬币，不能就这么把它们都扔到大海里。我们一定要活着回去！从我讲这个故事到被救，才十几个小时。我们真的活着回来！”

海上漂泊7天6夜，他们喝海水，吃鱼饵，忍受着肉体和精神上的双重的痛苦，直到现在他们因为海水中毒而全身浮肿，胃出血，脚溃烂，但他们坐在我们面前，面带笑容，语气平淡，对他们来说，所有的灾难都已成为过去，重要的是他们还活着，还拥有人生的三枚硬币，这比什么都重要。

心灵处方

一个五枚硬币的故事挽救了三条生命。可见在困难面前，在生与死的考验面前，没有比坚定的生存信念更能让人振作的了。一个人拥有生活的勇气和信心比什么都重要。

24. 锯掉椅背

克罗克是美国颇员盛名的麦克唐纳公司的老总。

有一段时间，公司出现严重亏损。克罗克发现其中一个重要原因就是公司各职能部门经理总是习惯于靠在舒适的椅背上指手画脚，把许多宝贵时间耗费在抽烟和闲聊上。于是，他派人将所有经理的椅背都锯掉了，逼他们离开了舒适的椅子，开始，经理们不解、不满。

不久，他们悟出了克氏的良苦用心，于是纷纷深入基层实地调查、处理问题。他们的行为影响和带动了全体员工，公司短期

内就扭亏为盈。

椅背锯掉了，惰性的温床便不复存在，人的活力与创造力被激发，公司效益随即扶摇直上。这一良性循环的规律同样也适用于商业之外的其他领域，尤其是人生奋斗。

上帝是公平的。

因此，每个人都拥有一份弥足珍贵的馈赠。比如健康、美貌、学识、才智、人缘、机遇，甚至是足以倚仗的祖荫。它们在你迈向人生辉煌的过程中既发挥着助推器的作用，又不可避免地显露出“椅背”的诱惑。若人性的弱点稍占上风，我们就可能轻易失去自己一张或几张成功的“王牌”。

影片《狮子王》原本只是一部童话体裁的动画片，却受到包括无数成人在内的所有观众的赞誉，原因就在于它那关于锯掉“椅背”的深刻主题。

影片中，狮王辛巴很小时因父王死于叔父篡权的阴谋而失去了父爱和王位这两个“椅背”，而它正是在无所依赖的境况下，获得了超常的生存与斗争的能力，最终除掉了仇敌。辛巴的奋斗史震撼了每一个不甘被优势销蚀激情与斗志的灵魂。

世上没有绝对的优势，没有一劳永逸的“椅背”。当你处在优雅的环境中时，你是否还在继续努力奋斗。如果你抵挡不住这种优越后的懒慵，却又不甘被优势销蚀激情与斗志，那么，锯掉“椅背”找回自己，才能专心努力奋斗下去。

心灵处方

我们不能计算锯掉椅背能让我们的生命增值多少，但我们知道留着椅背，我们很可能止步不前，甚至一生碌碌无为。所以，要学会锯掉生命中的椅背，这是人生的智慧这所在。

25. 气度

所谓气度，俗称“心胸”，就是指一个人能容人、容事、容仇、容怨。

我认为我们的古人比今人气量大，能容人，不以私怨作为评人论事的依据，也不以见解上的分歧伤及友谊。

三国时的曹操袁绍曾是战友，后来分道扬镳，乃至交了几年战。经过十分艰苦曲折的战斗，曹操才打败袁绍。袁绍兵败身亡，死得很悲惨。

得胜的曹操在获胜之后办的第一件事就是到袁绍的坟上去祭奠，哭得很伤心，忆起了很多充满友谊的往事。

这件事，随行的兵士很不解，连后来那位喜欢评点古籍的大学问家金圣叹也很不解，竟嘲讽地说曹操不愧是“奸曹”。

其实，我倒认为曹操祭奠袁绍之举很有几分真诚。既为战友，总是有一定友谊的。不论后来发生了什么事，都毕竟是后来的事，不能抹杀当年的友谊确实存在过，并在人的记忆中占着实实在在的位置。结怨之后再想起当初的友谊，尤为感到伤怀。刀兵相见，一存一亡，存者忆起当初为友之时的一切，往往产生双倍的悲怆之意。这是君子胸襟、大家风范，小家子气的人是很难体味的。

唐代两大文学家韩愈和柳宗元，平生的政见、文风分歧很大，乃至论战一生。柳宗元是二王、八司马维新运动的主力成员，韩愈则是顽固的反对派。在“古文运动”中，韩愈的口号是“文以载道”，崇扬道统；柳宗元的口号是“文以明道”，倡导独立发挥、大胆思辩。两个人在理论见地上有如此重大分歧，但却不伤及友谊。柳宗元死后，韩愈写下了很动人的《柳子厚墓志铭》对柳宗元的道德品格、文章品格赞扬备至。这就是高品位的“气度”，不以恩怨定毁誉，不以亲疏定是非。

古代的有为人物，大都能正确对待别人的直言。直言往往少恭维而多批评，没有大气度的人很难接受，特别是有地位、有成就的人。刘邦战胜项羽，得了天下之后，曾与张良闲谈，要张良谈一谈对项羽的看法。张良首先从项羽的个人品格上进行评论，认为项羽不失为耿耿君子，比刘邦强，而刘邦只是个“市井无赖之徒”。继之才论及项羽的政治得失，认为远逊于刘邦。刘邦没有计较张良前一段谈话对他的不恭，反倒笑着说“子房知我”。

心灵处方

欲成大事，必养大气，不能睚眦必报，小肚鸡肠。若是以恩怨论人。以亲疏论事。听到恭维则喜上眉梢，听到批评则暗生隐恨。这样的小家子气只会让生命黯然失色。

26. 卖水

19 世纪中叶，美国加州传来发现金矿的消息。许多人认为这是一个千载难逢的发财机会，纷纷奔赴加州。17 岁的小农夫亚默尔也加入了这支庞大的淘金队伍。他同大家一样，历尽千辛万苦，赶到加州。

淘金梦是美丽的，做这种梦的人很多，而且还有越来越多的人蜂拥而至，一时间加州遍地都是淘金者，金子自然越来越难淘。

不但金子难淘，而且生活也越来越艰苦。当地气候干燥，水源奇缺，许多不幸的淘金者不但没有圆了致富梦，反而丧身此处。

小亚默尔经过一段时间的努力，和大多数人一样，没有发现黄金，反而被饥渴折磨得半死。一天，望着水袋中一点点舍不得喝的水，听着周围人对缺水的抱怨，亚默尔忽发奇想：淘金的希望太渺茫了，还不如卖水呢。

于是亚默尔毅然放弃找金矿的努力，将手中挖金矿的工具变成挖水渠的工具，从远方将河水引入水池，用细沙过滤，成为清凉可口的饮用水。然后将水装进桶里，挑到山谷一壶一壶地卖给找金矿的人。

当时有人嘲笑亚默尔，说他胸无大志："千辛万苦地赶到加州来，不挖金子发大财，却干起这种蝇头小利的小买卖，这种生意哪儿不能干，何必跑到这里来？"

亚默尔毫不在意，不为所动，继续卖他的水。哪里有这样的好买卖，把几乎无成本的水卖出去，哪里有这样好的市场？

结果，大多数淘金者都空手而归，而亚默尔却在很短的时间靠卖水赚到6000美元，这在当时是一笔非常可观的财富了。

心灵处方

一个能洞察局势，抓住机遇的人是最有智慧的人。

27. 小目标和大目标

1984 年，在东京国际马拉松邀请赛中，名不见经传的日本选手山田本一出人意料地夺得了世界冠军。当记者问他凭什么取得如此惊人的成绩时，他说了这么一句话：凭智慧战胜对手。

当时许多人都认为这个偶然跑到前面的矮个子选手是在故弄玄虚。马拉松赛是体力和耐力的运动，只要身体素质好又有耐性就有望夺冠，爆发力和速度都还在其次，说用智慧取胜确实有点勉强。

两年后，意大利国际马拉松邀请赛在意大利北部城市米兰举行，山田本一代表日本参加比赛。这一次，他又获得了世界冠军。记者又请他谈谈经验。

山日本一性情木讷，不善言谈，回答的仍是上次那句话：用智慧战胜对手。这回记者在报纸上没再挖苦他，但对他所谓的智慧还是迷惑不解。

10 年后，这个谜终于被解开了，他在他的自传中是这么说的：每次比赛之前，我都要乘车把比赛的线路仔细地看一遍，并把沿途比较醒目的标志画下来，比如第一个标志是银行；第二个标志是一棵大树；第三个标志是一座红房子，……这样一直画到赛程的终点。比赛开始后，我就以百米的速度奋力地向第一个目标冲去，等到达第一个目标后，我又以同样的速度向第二目标冲去。40 多公里的赛程，就被我分解成这么几个小目标轻松地跑完了。

往往不是因为难度较大，而是觉得成功离我们远，确切地说，我们不是因为失败而放弃，而是因为倦怠而失败。在人生的旅途中，我们稍微具有一点山日本一的智慧，一生中也许会少许多懊悔和惋惜。

心灵处方

设定一个正确的目标不容易，实现目标更难。把一个大目标科学地分解为若干个小目标，落实到每天中的每一件事上，不失为一种大智慧。让我们记住只有智慧才能战胜对手。

28. 差别在此

两个同龄的年轻人同时受雇于一家店铺，并且拿同样的薪水。

可是一段时间后，叫阿诺德的小伙子青云直上，而那个叫布鲁诺的小伙子却仍在原地踏步。布鲁诺很不满意老板的不公正待遇。终于有一天他到老板那儿发牢骚了。老板一边耐心地听着他的抱怨，一边在心里盘算着怎样向他解释清楚他和阿诺德之间的差别。

“布鲁诺先生，”老板开口说话了，“您现在到集市上去一下，看看今天早上有什么卖的。”

布鲁诺从集市上回来向老板汇报说，今早集市上只有一个农民拉了一车土豆在卖。“有多少?”老板问。布鲁诺赶快戴上帽子又跑到集上，然后回来告诉老板一共 40 袋土豆。“价格是多少?”布鲁诺又第三次跑到集上问来了价格。“好吧，”老板对他说，“现在请您坐到这把椅子上一句话也不要说，看看别人怎么说。”

阿诺德很快就从集市上回来了，向老板汇报说到现在为止只有一个农民在卖土豆，一共 40 口袋，价格是多少多少；土豆质量很不错，他带回来一个让老板看看。这个农民一个钟头以后还会弄来几箱西红柿，据他看价格非常公道。昨天他们铺子的西红柿卖得很快，库存已经不多了。他想这么便宜的西红柿老板肯定会要进一些的，所以他不仅带回了一个西红柿做样品，而且把那个农民也带来了，他现在正在外面等回话呢。

此时老板转向了布鲁诺，说："现在您肯定知道为什么阿诺德的薪水比您高了吧？"

心灵处方

同样的小事情，有心的智者做出大学问，不动脑子的愚者只会来回跑腿而已。别人对待你的态度。就是你做事情结果的反应。像一面镜子一样准确无误，你如何做的，它就如何的反射回来。

29. 变化

我在瑞典遇到一个留学生，他和我谈起自己看问题时视野的变化。

他的小学是在山村里上的，他的比较对象仅限于他的同学，能在学校里考第一，就认为和世界第一差不多了，最羡慕的是一个同学在县城里有亲戚，有一支六棱的好铅笔（当时山村小学里用的都是两分钱一支的劣质圆铅笔）。那时他想，自己对这个世界的唯一需求就是一支六棱的好铅笔，写起来又黑又快。

由于小学成绩优异，他考上了县城的中学。这里都是各村的好学生，自己再不能稳拿第一了，于是产生了嫉妒：比自己好的同学原来都有六棱的好铅笔，自己虽然也有了，可是太晚了，天道不公啊！嫉妒也会产生动力，经过几年的苦读，他居然又成为县中第一了。那时，唯一的不满足是没有一支好钢笔："人与人之间还是不平等的，为什么我没有好钢笔呢?"

中学毕业后他又考上了大学，而且在北京，"真是'朝为田舍郎，暮登天子堂'，在这个世界上还有什么希求呢?"没想到，好景不长，没过上一年，学习成绩在班上非但不能名列前茅，就连中等也保不住了。为什么呢？原来城里的同学是好铅笔成堆，好钢笔成把，早上鸡蛋牛奶，晚上香花水果学出来的；他们的父母在机床边上一站，在办公室里一坐，每月几十块钱就拿到手了。想想自己，早上一个窝头还舍不得吃完，给晚上留一半；父母如牛似马地在地里爬来滚去，一整年也挣不到几十块钱。“合理”又从何谈起？不久，“文化大革命”就开始了……

他说：“我现在来到了国外，亲眼看到了五光十色的西方世界，嫉妒、自卑、怨恨却突然一扫而光了。这使我百思不得其解，为什么呢？为什么这些像毒蛇一样缠绕我几十年的幽灵，会在一个早上不翼而飞了呢？原来自己先取的比较系统发生了变化，看到的不再是自己的同学、同事和邻居，而是看到了世界，这浩瀚无垠、气象万千的世界使我认识到坐井观天的个体争斗只有一个苦果：自我残杀。而追悔过去的比较方式只能使自己步步倒退。从小学到大学，自己的比较系统几乎没有扩大一步，自己的比较方法居然没有提高一点。世界才能让人看到民族、国家、历史和未来。你看，我现在一点都不嫉妒这里瑞典同学的好条件好了，而是更多地想到自己的历史责任。”

心灵处方

有的人在蜗牛角上打架，有的人携手在太空漫步。前者井里观天，可怜可悲；后者天上观井，自信充实。

所以，我们要走出狭小的生活空间把目光放高放远，去追求生命的辉煌！

30. 把木梳卖给和尚的智慧

有一家效益相当好的大公司，决定进一步扩大经营规模，高薪招聘营销主管。广告一打出来，报名者云集。

面对众多应聘者，招聘工作的负责人说："相马不如赛马。为了能选拔出高素质的营销人员，我们出一道实践性的试题：就是想办法把木梳尽量多地卖给和尚。"

绝大多数应聘者感到困惑不解，甚至愤怒：出家人剃度为僧，要木梳有何用？岂不是神经错乱，拿人开涮？过一会儿，应聘者接连拂袖而去，几乎散尽。最后只剩下三个应聘者：小伊、小石和小钱。

负责人对剩下的这三个应聘者交代："以10日为限，届时请各位将销售成果向我汇报。"

10日期到。

负责人问小伊："卖出多少？"答："一把。"

"怎么卖的？"小伊讲述了历尽的辛苦，以及受到众和尚的责骂和追打的委屈。好在下山途中遇到一个小和尚一边晒着太阳，一边使劲挠着又脏又厚的头皮。小伊灵机一动，赶忙递上了木梳，小和尚用后满心欢喜，于是买下一把。

负责人又问小石："卖出多少？"答："10把。""怎么卖的？"小石说他去了一座名山古寺。由于山高风大，进香者的头发都被吹乱了。小石找到了寺院的住持说："蓬头垢面是对佛的不敬。应在每座庙的香案前放把木梳，供善男信女梳理鬓发。”住持采纳了小石的建议。那山共有10座庙，于是买下10把木梳。

负责人又问小钱：“卖出多少？”答：“1000把。”负责人惊问：“怎么卖的？”小钱说他到一个颇具盛名、香火极旺的深山宝刹，朝圣者如云，施主络绎不绝。小钱对住持说：“凡来进香朝拜者，多有一颗虔诚之心，宝刹应有所回赠，以做纪念，保佑其平安吉祥，鼓励其多做善事。我有一批木梳，你的书法超群，可先刻上‘积善梳’三个字，然后便可做赠品。”住持大喜，立即买下1000把木梳，并请小钱小住几天，共同出席了首次赠送“积善梳”的仪式。得到“积善梳”的施主与香客，很是高兴，一传十，十传百，朝圣者更多，香火也更旺。这还不算完，好戏跟在后头。住持希望小钱再多卖一些不同档次的木梳，以便分层次地赠给各种类型的施主与香客。

心灵处方

梳子卖给和尚，听起来荒诞不经。但梳子除了梳头的功能，有无别的附加功能呢？在别人认为不可能的地方开发出新市场来，才是真正的智慧之所在。

31. 第一名

小时候，看过一篇文章，内容描述一名念小学的女孩，每天都第一个到校，第一个到教室，等待一天的开始。她的同学途中遇到她，问她为什么每天都那么早到校，她带着腼腆的笑容，回答了这个问题。

原来，她学习成绩不怎么样，长相也普通，在家中排行中间，她从来不知“第一名”的滋味是什么。某次，她发现当她第一个到达教室时，竟意外地获得一种类似“第一名”的喜悦。她很快乐，也有了期待。

她一面走着，一面向同学袒露心中的小秘密，周身散发出一股期待及喜悦的光芒。接近教室的时候，她心中甚至升起了一种不小的兴奋和快感……不料，她的同学一个箭步往前跨过去，推开了教室门，“第一个”冲了进去，然后回头望着她，露出胜利的微笑。她的光芒顿时隐去，她的心隐隐发痛。她忍住泪水，脱口一句：“第一，是我的，你怎么可以……”她说不出下面的话，说不出来了，她连这个“第一”也失去了。

忘了是在几岁时看的这篇文章，只记得当时能感受小女孩的心情，因为我也是个始终与“第一名”无缘的人，甚至，因为配合家里大人的出门时间，连尝尝“第一个”到学校的滋味都没有机会。

长大了，更深刻体会到“第一名”其实已幻化成色彩斑斓的翅膀，在不同的领域中现身：有人在学业中争第一；有人在工作中抢头榜，甚至还有人总缠着恋人，一声一句地问："我是不是你最钟爱的人？"

我的一个朋友林，却全然是另一个样：热力四射，才华横溢，经常是社团中令人注目的热点，认识林的人几乎都可以感受到他热情的付出。跟年轻朋友通信，是抚慰年少容易受创的心；主动关怀周遭友人，更是希望在冷漠疏离的生存空间中，注入一丝爱与暖意。

最近，得知他交了女朋友，我忍不住揶揄他："那现在我在你心中排第几呀？"他想也不想，便答："第一。"我极度不相信地看着他，再问一次："怎么可能！少骗人了。"他狡黠地一笑，然后说："当然排第一，另起一行而已。"

我笑弯了腰，不知该怪他的狡黠，还是佩服他的机智。

心灵处方

的确，在各行各业中，每个人，都期望得到第一。其实要拿到第一也容易，就看你愿不愿意换个角度来看，只要"另起一行"，每个人就都是第一了，而这个世界，自然少了许多莫名的纷争。这"另起一行"不也是一种人生智慧吗？

32．一美元的价值

1962年7月，在美国西北部一个叫本顿维尔的小镇上，一家名为沃尔马特的普通商店开业了，店主是44岁的退伍男子沃尔顿。30多年后的今天，沃尔马特已成为全球最大的商业连锁集团。在2000年《财富》500强排名中，沃尔马特以1668亿美元的营业额名列第二。沃尔马特创下了一个商业奇迹。

我对沃尔马特连锁店的最初认识还是十几年前在国外生活时，那时中国还没有超市。当我第一次走入沃尔马特连锁店时，先是被它巨大的面积所震惊，继而为它的便宜价格所打动。同样一件商品，沃尔马特的售价至少会比其他店便宜5%，但是给我印象最深的还是每一个售货员的微笑，那样亲切自然。此后，每次去美国，我都会选择去沃尔马特店购物，享受一个消费者内心的满足。

后来我才知道，沃尔马特经营宗旨之一便是“天天平价”。老板沃尔顿常常告诫员工：“我们珍视每一美元的价值，我们的存在是为顾客提供价值，这意味着除了提供优质服务外，我们还必须为他们省钱。每当我们为顾客节约了一美元时，那就使自己在竞争中占先了一步。”

为了不愚蠢地浪费一美元，沃尔顿率先垂范。他从不讲排场，外出巡视时总是驾驶着最老式的客货两用车。需要在外面住旅馆时，他总是与其他经理人员住的一样，从不要求住豪华套间。

为了赢得这一美元的价值，沃尔马特实行了全球采购战略，

“低价买入，大量进货，廉价卖出”。沃尔马特中国采购总监芮约翰每到一地，都要察看各家商店，认真比较价格，选择合适商品。他对我说，中国商品的质量近年来有大幅提高，沃尔马特在中国的采购额也在逐年增加，今年将达到40亿美元。

价格与服务是沃尔马特赢得竞争的两个轮子。已在中国工作了五年的芮约翰说：“你知道我们有一个微笑培训吗？必须露出八颗牙齿才算合格。你试一试，只有把嘴张到露出八颗牙齿的程度，一个人的微笑才能表现得最完美。”我不禁回想起初识沃尔马特时的印象，原来售货员的微笑都有着如此严格的规定。

做生意自然要追求利润的最大化，而实现最大化的目标则要从最小化的具体行动开始。经营节约一美元与微笑露出八颗牙，抓好每一件这样的小事，企业方能砌就通向成功的阶梯。

心灵处方

其实，很多很多人的成功并不神秘，那是他们运用智慧艰苦奋斗的结果。

33. 爱的歧视

高考落榜，对于一个正值青春花季的年轻人，无疑是一个打击。8 年前，我的同学大伟就正处于这种境地。而我则考上了京城的一所大学。

当我进入大学三年级时，有一日大伟忽然在校园里寻找了我，原来，他也是北京某名牌大学的一员了。“祝贺你——”我说。提该祝贺。你知道吗？两年前我一直认为自己完了，没什么出息了，可父母对我抱有很大希望，我被迫去复读——你知道‘被迫’是一种什么滋味吗？在复读班，我的成绩是倒数第五……

“可你现在……”我迷惑了。

“你接着听我说。有一次那个教英语的张老师让我在课堂上背单词。那会儿我正读一本武侠小说。张老师很生气，说：‘大伟，你真是没出息，你不仅糟蹋爹娘的钱还耗费自己的青春。如果你能考上大学，全世界就没有文盲了。’我当时仿佛要炸开了，我噌地跳离座位，跨到讲台上指着老师说：‘你不要瞧不起人，我此生必定要上大学。’说着我把那本武侠小说撕得粉碎。你知道，第一次高考我分数差了 100 多分，可第二年我差 17 分，今年高考，我竟超了 80 多分……，我真想找到张老师，告诉他：我不是孬种……”

3 年后，我回到我高中的母校，班主任告诉我：教英语的张老师得了骨癌。我去看他，他兴致很高，其间，我忍不住提起了大

伟的事……

张老师突然老泪横流。过了一会儿，他让老伴取来了一帧旧照片，照片上，一位书生正在巴黎的埃菲尔铁塔下微笑。

张老师说："18 年前，他是我教的那个班里最聪明也最不用功的学生。有一次，我在课堂上讲：'像你这样的学生，如果考上大学，我头朝地向下转三圈……'"

"后来呢?"我问。

"后来同大伟一样，"张老师言语哽咽着说，"对有的学生，一般的鼓励是没有用的，关键是要用锋利的刀子去做他们心灵的手术——你相信吗？很多时候，别人的歧视能使我们激发出心底最坚强的力量"

两个月后，张老师离开了人世。

又过了 4 年，我出差至京，意外地在大街上遇到大伟，读博士的他正携了女友悠闲地购物。我给大伟讲了张老师肺腑之言……在熙熙攘攘的人群中，大伟突然泪流满面。

在那以后的时光里，我一直回味着大伟所遭遇的满含爱意却又非常残酷的歧视。我感到，那"歧视"蕴含着一种催人奋进的力量。对大伟和那位埃菲尔铁塔下留影的学生而言，在他们的人生征途中，张老师的"歧视"肯定是最宝贵最美丽的。

心灵处方

一个老师用自己充满爱的歧视搭救一名学生的命运，这让我既佩服又感动。我们应该感谢和感激那些适时为我们生命扎针的人。

34. 试验

人们在开发一项产品时，会认真地去做市场调查。最直接的手段就是把自己的样品放到市场上去做试验，卖卖看：卖得好的就行得通，消费者不喜欢的就行不通。可决定人生方向时有的人连起码的调查都不做，就一条道跑到黑……

据报载，河南有一位忠诚无比的文学青年，高考落榜之后便夜以继日地搞起诗歌创作来。他一篇篇地投稿，又一篇篇地被退回。他一气之下跑到新疆去发掘灵感，可是跑遍了所有的地方也没有人愿意收留他。他万念俱灰，饿了五天五夜，步履艰难地回到家里，因为无脸见人服了毒药，被抢救过来之后不但受到亲人们的责怪，父母亲还发誓以后再不认他。他沉痛地说："一个不幸的人选择了文学，而文学又给了我更多的不幸。"这位青年不能说他没有目标和远大的理想，甚至他还有坚持不懈锲而不舍的毅力，但是为什么他落到了这般田地？

感觉好并不一定能够卖得好，卖得不好就说明行不通。拼搏奋斗的劲儿很重要，盲目用力却只是白搭。勇气也许并不仅仅是坚持，人生就是一个试错的过程，更可贵的勇气不是在错误上坚持，而是发现自己错了后笑一笑，坦率地说一句："我错了。"生命的指南针有时恰恰是告诉我们什么地方不该去，回头是岸。

伟大的文学家歌德在年轻的时候曾经立下的志向是成为一个世界闻名的画家。为此他一直沉溺于那变幻无穷的色彩世界中难以自拔。他付出了10年的艰辛努力去提高自己的画技，但是最后却收效甚微。在他40岁的那年，他游历了意大利，亲眼见到那些真正大师的杰出作品之后，终于被震醒了，他终于明白，即使自己穷尽毕生的精力恐怕也难以在画界有所建树。在痛苦和彷徨中度过了一段时间之后，他毅然作出决定：放弃绘画，改攻文学。

晚年的歌德在回顾自己的成长过程时，就告诫那些头脑发热的青年，不要盲目地相信自己的兴趣，跟着感觉走。歌德感慨地说："要发现自己多不容易，我差不多花了半生的光阴。"

在人生之路真正开始时，我们也许要面对着两个盲区作决策：一个是外部的世界，这360行中各自独特的酸甜苦辣、艰难险阻以及所要求的素质条件，这一切我们都所知甚少；另一个盲区就是我们自己，我们自身的性格、特长、知识积累等条件，适合于去做什么，能够干成什么？恐怕没有经过实践的检验和锻炼，我们很难就给自己做出一个一成不变的定论。

不可否认，人的潜力很大，可塑性也很强，也有很多人会干一行爱一行而且做出成绩，但有选择总比没选择好，有比较总比没比较好，随着对自我本身和世界的了解，终会给自己做出一个合适的定位。想想看，鲁迅、孙中山做医生会是什么样子呢？

心灵处方

生命是一条路，这条路需要一个正确的方向，要找到这个正确的方向需要我们做若干次人生试验，然后从试验中学习经验。

35. 失败中的智慧

成者王侯败者贼。成功者头上耀眼的光环吸引着大家纷纷去向他们学习，灰头土脸的失败者总被人冷落在角落里，其实他的忠言会更让你受益。

曾经听一位朋友讲过一个关于他叔父股海沉浮的故事。他叔父原来在上海一所不错的中学里当数学老师，是一个勤勤恳恳很敬业的人，但是休息的时候也喜欢琢磨些新东西。那个时候，股票刚开始进入老百姓的经济生活，先行一步，敢于吃螃蟹的人都尝到了不少的甜头。朋友的叔父也跃跃欲试想要到股市中闯荡一番。于是辞了工作，凭着自己多年来学习数学的聪明才智，带着多年来辛苦积攒的六万块钱翻开了自己人生新的一页，潇洒地混股市去了。在经历了一系列惊心动魄的暴涨暴跌之后，最后的结局是，他那原先六万元的积蓄终于化成了一股青烟，随风去了。

他变得一无所有，在大多数人眼中，他是一无所有的。但是他自己并不这样认为，他知道自己在股市系列剧中学到了很多东西。于是他把自己推荐给了一个大户，说可以为大户操盘及出谋划策。当那个大户问他凭什么自己要把钱乖乖地拿出来交给一个身无分文的股市失败者时，你猜他怎么说来着？

他神态自若，轻轻地对他说：“我虽然不能教给你什么赚钱的

方法，但是凭借我多年失败的经验，我可以准确无误地告诉你，什么事是做不得的，做了一定损失。”

于是那个大户信了他。后来，这位一无所有的数学教师果然帮助这个大户，避免了很多的损失。再后来，在总结了自己的失败经验和大户们的成功经验之后，他又出来自己干，据说现在已经是几千万的身家了。

日本三泽屋的三泽千代治社长曾经说过：“我更信任那些有失败经验的人，一次都不失败的人，我从来不敢委以大任。”我们身上的种种毛病其实就像这些失败一样，往往是映射成功的镜子。

心灵处方

愚蠢的人面对毛病就像面对失败一样，就只知道骂它们为毛病，怪它们是失败；只有聪明智慧的人把毛病和失败看成通往成功的经验。

36. 金蝉脱壳

一个十二岁的孩童向中国历史上最暴戾的皇帝秦始皇说“不”，却获得了赏识。历史传说小小甘罗十二岁拜上卿，秦始皇对他的评价是“孺子之智，大于其身”。这些都或许源自一次他跟秦始皇关于“公鸡下蛋”的辩论。

秦始皇听信了方士吃公鸡蛋能长生的话，便命令甘罗的爷爷前去寻找。

“爷爷，您有什么心事吗?”甘罗看到愁眉不展的爷爷在房间里走来走去，便上前问道。

“唉，皇上听信了方士的话，要吃公鸡蛋以求长生。现在命令我去找，要是三天之内找不到，就得受罚。”

甘罗一听，也着急起来。不过他灵机一动，有了主意。“爷爷，你不用再为此事操心，三天后我替你上朝去，我有办法应付皇上。”听了甘罗的话，一向信任他的爷爷也就放下心来。

期限已到，甘罗不慌不忙地随着一班大人走进宫殿。

秦始皇认识他，暗想一个小孩跑进宫殿来简直是无礼，便生气的问:“你来干什么？是不是你爷爷找不到鸡蛋不敢来?”

“启禀陛下，我爷爷来不了啦。”甘罗冷静地说，“他在家生孩子呢，所以只有我替他来上朝了。”

“胡说!”一句话把秦始皇逗乐了，“你这孩子，男人怎么会生孩子?”

“既然公鸡能下蛋，为什么男人就不会生孩子呢?”甘罗反问道。

秦始皇一听，自然知道自己错了。同时也看出了甘罗不简单，便对他破格录用。

小甘罗利用归谬法使秦始皇发现自己的观点自相矛盾，他再狠也是一个明理人，当然不会拒绝甘罗的“不”。

心灵处方

对领导说“不”，不仅要有勇气，更要用智慧，有勇无谋的拒绝非但达不到目的，还有可能为自己招来灾祸。

37. 用心发现

一个对生活极度厌倦的绝望少女，她打算以投湖的方式自杀。在湖边她遇到了一位正在写生的画家，画家专心致志地画着一幅画。少女厌恶极了，她鄙薄地睨了画家一眼，心想：幼稚，那鬼一样狰狞的山有什么好画的！那坟场一样荒废的湖有什么好画的！

画家似乎注意到了少女的存在和情绪，他依然专心致志神情怡然地作着画，一会儿他说：姑娘，来看看画吧。

她走过去，傲慢地睨视着画家和画家手里的画。

少女被吸引了，竟然将自杀的事忘得一干二净，她真是没发现过世界上还有那样美丽的画面——他将"坟场一样"的湖面画成了天上的宫殿，将"鬼一样狰狞"的山画成了美丽的长着翅膀的女人，最后将这幅画命名为《生活》。

少女的身体在变轻，在飘浮，她感到自己就是那袅袅婀娜的云……

良久，画家突然挥笔在这幅美丽的画上点了一些脏垢麻乱的黑点，似污泥，又像蚊蝇。

少女惊喜地说：星辰和花瓣！画家满意地笑了："是啊，美丽的生活是需要我们自己用心发现的呀！"

心灵处方

生活的美与丑，全在我们自己怎么看，只要选择了一种积极的心态，懂得用心去体会生活，你会发现，生命其实是一次美丽动人的旅行。

38. 退一步海阔天空

在我很小的时候，不知是谁出了一道脑筋急转弯题：飞机在高空中盘旋，目标紧紧咬住装载紧急救援物资的卡车，就在这危急时刻，前面出现一个桥洞，且洞口低于车高几厘米，问卡车如何巧妙穿过桥洞。

二十多年过去了，这道并不难的题，我早就知道了答案——把车轮胎放掉一部分气即可。但我却时常品味这道叫人常品常新的“难题”。这样的问题，在生活中我也遇到不少。开始时不是一筹莫展，搞得焦头烂额，就是硬往前撞，哪管它三七二十一，死了也悲壮。这固然表明一个人有勇气和自信，但往往会适得其反，事情会扯不清理更乱。毫无价值的牺牲，最终受害的是自己，随着“吃堑”的增多，也长了些许的“智”，在每逢遇到类似的难题时，我就会如文中开头的司机，给车胎放一点气——低一低头。

纵观历史，也有借鉴的镜子。三国刘备再三低头，从三顾茅庐到孙刘联合，每一次低头，都会踱到“柳暗花明又一村”，终于做成“三足鼎立”中的辉煌。越王勾践深深低下高贵的头，以卧薪尝胆收回旧山河。这是古人的典范。还是回到我经历的一个现实吧！1998 年的夏日，我在环球广告公司谋事，由于我年轻易冲动，便轻而易举地得罪了经理。于是，在以后的日子里，每次开会我都自然而然成为会议的第一个主题——挨批。被批得面目全非的我，真想一走了之。但是我转念想，如果真的走了，一些罪名不光洗不清，而且会被再蒙上厚厚的污垢；再者，这是一家很有名气的广告公司，自己完全可以从中源源不断地得以“充电”。于是我坚持留了下来，整理好乱七八糟的心情，低头实干，以兢兢业业来为自己疗伤，以实实在在的业绩回击谎言。一笔又一笔的业务，增添了我的信心，也让我积攒下了许多经验财富。坦率地讲，最重要的是，从中总结出“给车胎放气”的处世哲学，使我终生受益。漫漫人生路，有时退一步是为了踏越千重山，或是为了破万里浪；有时低一低头，更是为了昂扬成擎天柱，也是为了响成惊天动地的风雷；如此的低一低头，即便今日成渊谷，即便今秋化作飘摇的落叶，明天也足以抵达珠穆朗玛峰的高度，明春依然会笑意盎然傲视群雄。

心灵处方

既然退一步能海阔天空，我们为什么还要去选择悬崖峭壁？退一步是最好的处世哲学，是生命中最好的一笔财富。

39. 给自己一个空间

常常，我会碰到朋友对我手上那只玉环的晶莹剔透发出许多称赞，接着就是牵着我那双冰冷的老手对它仔细端详把玩，又往往是接上一句大惊小怪："怎么？镶一节 K 金，难道有瑕疵？"然后我就可看以一副透着无限怅然的惋惜面孔。逢此镜头，我也总会不厌其烦、千篇一律地解释："不小心碰裂了，为了补拙，唯有包金一途，土则土矣，但总胜过折断啊！"

我常常为此遗憾。十多年前，与它初次相遇时，我被那翠绿光泽给吸引，爱不释手，为了所费不赀的售价，着实让我思量斟酌好久，好不容易才痛下决心，把它带回家当纪念品，从此长系我手，视为珍物。自从有了它之后，每天行走动作都格外仔细小心，唯恐一个不小心留下任何伤痕。而这份美丽无瑕的完美，曾经令人艳羡、夸赞，成了我一个美丽的负担。我是如此这般小心翼翼地呵护它，珍爱它，但在美国之行最后一顿晚餐之际，我却因倦乏之极，一个大意撞上乐园的门柱，只听"铿"的一声，玉镯断裂，留下了不可弥补的印记。

几年来，我已习惯了那样的称赞、好奇与疑问，并且渐渐了然世间一切种种完美的不可强求。

我不禁想起当年一个师大好友。她从小就是模范生，从来就是拿第一的"乖乖牌"，自幼到大，在学业、演讲、做事方面永都独占鳌头，旁人难以匹敌；她任教高中，在教学、带领学生方面，也是处处在人之上；她已惯于“人上人”的情势，为了永远高高在上的盛名，她只有永不停止地督促自己拼命往前，她比旁人付出更多的努力，几乎是走火入魔，也因此煎熬在高处不胜寒的冷冷孤独里而不自觉。一年、两年——数年的压抑累积，终于在教学的第十个年头正当要领教育部颁发的奖章之际，她已不胜负荷各种承受不住的自我期许而病倒了，一场忧郁症，让她住进了医院。我前往探视时，她流着泪细述自己一路行来的追求完美、逞强为好的求全心，怎堪沦落如此？健康是福、盛名如烟，活着平安才是最聪明与最好的选择，千般万般的第一也不过镜花水月，在失去健康之后，更是一文不名，何苦来哉！

人应学着善待自己，善待生命，放自己一马，毕竟宇宙大千，没有十全十美的事。凡事量力而为，尽己之心，活一个健康平和又知足的生活，才是对自己“第一”的安排。

心灵处方

放自己一马，给自己一点空间，生命才会变得更加成熟和美丽。

40. 捞鱼

如果想一手抓两条鱼，也许你一条鱼也抓不住。

几天前，有位老友打电话给我，说他的工作似乎即将不保，言语中充满了怨态与哀伤。因为年岁渐增，而且工作不稳定，公司随时有关门危机，因此使得他也不敢交女朋友，常有换工作的念头，但是年岁已大加上怀疑报上所登工作非自己才能所能及，于是常止于浏览，却裹足不前。

这让我想到刚退伍时，在家待了近三个月才找到工作，那段时间，只要看到报上稍与自己所学有关的工作，均放手一寄，例如我是学化学的，但是有些化学公司是征总经理特别助理，虽然我无此经验，但我相信以自己的化学背景，倘有幸获用，将抱着学习的心态全力以赴，因此曾在一星期内寄了二十多封履历表，也因此获得了较多面试及选择的机会。

小时候常与哥哥到河边捞鱼，那时我的观念是要专门找较大的鱼去捞，但往往功亏一篑。而哥哥却是在鱼群中猛捞，结果半天下来，我一条鱼也没捞着，哥哥却满载而归。这在而后的生活中，给了我许多警示。机会来自四面八方，但需要自己去创造，它不会凭空而降，试着让自己去拓展更宽广的领域，反之若仍旧坚持着自我的执着，往往会失去许多机会，让自己逐渐进入困顿之中，这就好像放弃成群的鱼儿，只把某一条大鱼当成唯一的目标。

心灵处方

让住：贪婪是海洋中的礁石，它只能阻碍生命之船的前行，甚至会导致翻船。

41. 别让雨下进灵魂

星期三下午上班的时候，一位气质极好、一看就属白领阶层的青年女子来找我的一位同事。正巧我的同事不在，她留下了姓名。等我的同事回来，我把情况作了通报，还意犹未尽地说了一通“不去当演员，可惜了”之类的惋惜话。同事笑道：你怎么知道她没有去当演员？事实上她不仅做过演员，而且还曾与一个非常重要的角色失之交臂呢。说着他报出了那个角色。我的心里猛然一震：那可是个令一名当年原本无名的女演员一夜之间红得发紫的角色啊！

而她是怎样错过的呢？

当时，慧眼识珠的导演挑女主角，挑来挑去，最后只剩下两位候选人：她与日后走红的那位。论外形和气质，非她莫属。然而她脸上几颗隐瞒不了的青春痘造成了导演的犹豫。导演虽然有些犹豫，但还是偏向于她的，不巧这时外界又传出了她与导演有染的流言。一贯无瑕的她一赌气，退出竞争。旋即又辞职，匆匆地从南边打道回府了。

10 年来，她远离机会频频、可以尽展才华的演艺界，成了一名普遍的白领。偏离了自己真正的轨道，从事着自己并不真心喜欢的职业，其中郁积的遗憾和委屈又岂是一口气能赌掉的？况且，她的婚姻也因之而并不幸福。

小时候，我听过一个故事，说的是从前有一个人提着网去打

鱼，不巧这时下起了大雨，他一赌气将网撕破了。网撕破了还不够，又因气恼一头栽进了池塘，再也没有爬上来。那时，我想世上哪有这样的傻子，这一定是哄人的故事。现在想起来，这个故事还是很有意义的。

心灵处方

不要让一场雨下进灵魂里，不要让一口气久久不蒸发，从而输掉青春、爱情、可能的辉煌和一伸手就能摘到的幸福。

42．蔷薇的启示

A

路边开满了带刺的蔷薇花，三个步行者打这里路过。

第一个脚步匆匆，他什么也没看见。

第二个感慨万千，叹了口气："天！花中有刺。"

第三个却眼睛一亮："不，应当说刺中有花。"

第一个人挺麻木，他看不到风景；第二个人挺悲观，风景对于他没有意义；至于第三个嘛，是个乐观主义者。

那么您呢？您是哪一个？

B

路边的蔷薇热烈地开着，三个人走了过来，入迷地看着。

第一个欣喜若狂，伸手就摘，结果被刺得鲜血淋漓。

第二个见此情景，赶紧缩回了正想摘花的手。

第三个则小心翼翼地伸出手来，把其中最漂亮的那一朵摘了下来。

当晚，三个都做了个梦：第一个被梦中的刺吓得大喊救命，第二个对着梦中的蔷薇无奈地叹着气，第三个则被花的明媚簇拥着，在梦中，他听到了蔷薇的笑声。

C

老师在上课，津津有味地讲着蔷薇。

讲完了，老师问学生：“你最深刻的印象是什么？”

第一个回答：“是可怕的刺！”

第二个回答：“是美丽的花！”

第三个回答：“我想，我们应当培育出一种不带刺的蔷薇。”多年之后，前两个学生都无所作为，唯有第三个学生以其突出的成就闻名远近。

心灵处方

乐观的态度、谨慎的方法、远大的抱负，是生命有所成就的必要条件。

43. 时机

有个懒人靠在一块大石头上，懒洋洋地晒着太阳。

这时，从远处走来一个奇怪的东西，它周身发着五颜六色的光，七八条腿一齐运动，使它的行走十分快捷。

“喂！你在做什么？”那怪物问。

“我在这儿等待时机。”懒人回答。

“等待时机？哈哈！时机什么样，你知道吗？”怪物问。

“不知道。不过，听说时机是个很神奇的东西，它只要来到你身边，那么，你就会走运，或者当上了官，或者发了财，或者娶个漂亮老婆，或者……反正，美极了。”

“嗨！你连时机什么样都不知道，还等什么时机？还是跟着我走吧，让我带着你去做几件于你有益的事吧！”那怪物说着就要来拉他。

“去去去！少来添乱！我才不跟你走呢！”懒人不耐烦地撵那怪物。

那怪物叹息着离去。

这时，一位长髯老人来到懒汉面前问道：“你抓住它了吗？”

“抓住它？它是什么东西？”懒人问。

“它就是时机呀！”“天哪！我把它放走了。不，是我把它撵走了！”懒人后悔不迭，急忙站起身呼喊时机，希望它能返回来。

“别喊了，”长髯老人说，“你刚才已经把它放弃，让我告诉

你关于时机的秘密吧，它是一个不可捉摸的家伙。你专心等它时，它可能迟迟不来，你不留心时，它可能就来到你面前；见不着它时，你时时想它，见着了它时，你又认不出它；如果当它从你面前走过时你抓不住它，那么它将永不回头，使你永远错过了它！”

“天哪！那可咋办呀，我这一辈子不就失去时机了吗?”懒人哭着说。

“那也未必，”长髯老人说，“让我再告诉你另一个关于时机的秘密吧，其实，属于你的时机不止一个。”

“不止一个?”懒人惊奇地问。

“对。这一个失去了，下一个还可以出现。不过，这些时机，很多不是自然走来的，而是人创造的。”

“什么？时机可以创造?”

“对。刚才的一个时机，就是我为你创造的一个，可惜你把它放跑了。”

“太好了，那么，请您再为我创造一些时机吧！”懒人说。

“不。以后的时机，只有靠你自己创造了。”

“可惜，我不会创造时机呀。”懒人为难地说。“那么，现在，我教你。首先，站起来，永远不要等！然后，放开大步朝前走，见到你能够做的有益的事，就去做。那时，你就学会了创造时机。”

心灵处方

愚蠢的人等待时机，聪明的人创造时机！

44. 咖啡豆

一个女孩对父亲抱怨她的生活，抱怨事事都那么艰难。她不知该如何应付生活，想要自暴自弃了。她已厌倦抗争和奋斗，好像一个问题刚解决，新的问题就又出现了。

女孩的父亲是位厨师，他把她带进厨房。他先往三只锅里倒入一些水，然后把它们放在旺火上烧。不久锅里的水烧开了。他往一只锅里放些胡萝卜，第二只锅里放入鸡蛋，最后一只锅里放入碾成粉状的咖啡豆。他将它们浸入开水中煮，一句话也没说。女孩咂咂嘴，不耐烦地等待着，纳闷父亲在做什么。大约 20 分钟后，他把火闭了，把胡萝卜捞出来放入一个碗内，把鸡蛋捞出来放人另一个碗内，然后又把咖啡舀到一个杯子里。做完这些后，他才转过身问女儿："亲爱的，你看见什么了?"

"胡萝卜、鸡蛋、咖啡，"她回答。

他让她靠近些，并让她用手摸摸胡萝卜。她摸了摸，注意到它们变软了。

父亲又让女儿拿一只鸡蛋并打破它。将壳剥掉后，她看到了是只煮熟的鸡蛋。

最后，父亲让她啜饮咖啡。品尝到香浓的咖啡，女儿笑了。她怯声问道："父亲，这意味着什么?"

父亲解释说，这三样东西面临同样的逆境——煮沸的开水，但其反应各不相同。

胡萝卜入锅之前是强壮的，结实的，毫不示弱；但进入开水后，它变软了，变弱了。

鸡蛋原来是易碎的。它薄薄的外壳保护着它呈液体的内脏。但是经开水一煮，它的内脏变硬了。而粉状咖啡豆则很独特，进入沸水后，它们倒改变了水。

心灵处方

在艰难和逆境面前，你有权选择自己对逆境的态度，可以选择放弃，也可以选择把自己变得更坚强——甚至，选择改变环境！这是生命的真谛。

45. 只选一把椅子

如果想同时坐两把椅子的人，也许连一把椅子也坐不成。

有人向世界歌坛的超级巨星卢卡诺·帕瓦罗蒂讨教成功秘诀。他每次都提到自己问父亲的一句话：师范院校毕业之际，痴迷音乐并有相当音乐素养的帕瓦罗蒂问父亲："我是当教师呢，还是做歌唱家?"其父回答说："如果你想同时坐在两把椅子上，你可能会从椅子中间掉下去。生活要求你只能选一把椅子坐下去。"

帕瓦罗蒂选了一把椅子——做个歌唱家。经过 7 年的努力与失败，帕瓦罗蒂才首次登台亮相。又过了 7 年，他终于登上了大都会歌剧院的舞台。

只选一把椅子，多么形象而切合实际的理念！这就是说，目标只能确定一个，这样才会凝聚起人生的全部合力，将其攻下。确定了目标，那就只能走一条道路，哪怕这条路崎岖不平，同行者寥寥无几。你只要"板凳坐得十年冷"，忍受孤独和寂寞将它走完，尤其在诱人的岔路口，你必须不改初衷，有心无旁骛的坚定信念和超然气度。

人们难得有自知之明，因此往往不甘于固定在一把椅子上。选择，与其说是一个严肃的哲学命题，倒不如说是人们为了生存和发展得更好，一种本能的自我优化。只选一把椅子，意味着在选准全力以赴的事业时，也选择了自我的尊严乃至全部的生活。就像贝多芬与音乐、毕加索与绘画、柏拉图与哲学、司马迁与史学、曹雪芹与文学……他们选定的唯一一把人生座椅，决定了各自的人生轨迹及在后世的声誉。

心灵处方

许多人一生平庸无为，不是因为他没有才华或是不够聪明，而只是因为他们总是试图坐两把椅子或是更多，而不懂只选一把椅子的智慧。

46. 给糖哲学

自从成立就蒸蒸日上的公司，今年的盈余竟大幅滑落。这绝不能怪员工，因为大家为公司拼命的情况，丝毫不比往年差，甚至可以说，由于人人意识到经济的不景气，干得比以前更卖力。这也就愈发加重了董事长心头的负担，因为马上要过年，照往例，年终奖金最少加发两个月，多的时候，甚至再加倍。

今年可惨了，算来算去，顶多只能给一个月奖金。

“让多年已经惯坏了的员工知道，士气真不知要怎么滑落！”董事长对总经理说：“许多员工都以为最少得加两个月，恐怕飞机票、新家具都订好了，只等拿奖金就出去度假或付账单呢！”

总经理也愁眉苦脸了：“好像给孩子糖吃，每次都抓一大把，现在突然改成两颗，小孩一定会吵。”

“对了！”董事长突然触动灵机，“你倒使我想起小时候到店里买糖，总喜欢找同一个店员，因为别的店员都先抓一大把，拿去称，再一颗颗往回扣。那个比较可爱的店员，则每次都抓不足重量，然后一颗颗往上加。说实在话，最后拿到的糖没什么差异。但我就是喜欢后者。”

没过两天，公司突然传出小道消息——

“由于营业不佳，年底要裁员……”

顿时人心惶惶了。每个人都在猜，会不会是自己。最基层的员工想："一定由下面杀起。"上面的主管则想："我的薪水最高，只怕从我开刀！"但是，跟着总经理就做了宣布：

"公司虽然艰苦，但大家同一条船，再怎么危险，也不愿牺牲共患难的同事，只是年终奖金，绝不可能发了。"

听说不裁员，人人都放下心上的一块大石头，那不至于卷铺盖的窃喜，早压过了没有年终奖金的失落。

眼看除夕将至，人人都做了过个穷年的打算，彼此约好拜年不送礼，以共度时艰。突然，董事长召集各单位主管紧急会议。看主管们匆匆上楼，员工们面面相觑，心里都有点七上八下："难道又变了卦？"

是变了卦！没几分钟，主管纷纷冲进自己的单位，兴奋地高喊着：

"有了！有了！还是有年终奖金，整整一个月，马上发下来，让大家过个好年！"

整个公司大楼，爆发出一片欢呼，连坐在顶楼的董事长，都感觉了地板的震动……

心灵处方

与其用最好的企盼，造成最大的失望，不如用最坏的打算，引来意外的欣喜。如果你是一位管理者，不妨适时运用一下给糖哲学，其效果一定是让人惊喜的。

47. 伟人的化身

有一个法国人，42岁了仍一事无成，他自己也认为自己简直倒霉透了：离婚、破产、失业……他不知道自己的生存价值和人生的意义。他对自己非常不满，变得古怪、易怒，同时又十分脆弱。有一天，一个吉普赛人在巴黎街头算命，他随意一试。

吉普赛人看过他的手相之后，说。

“您是一个伟人，您很了不起！”

“什么？”他大吃一惊，“我是个伟人，你不是在开玩笑吧！”

吉普赛人平静地说：

“您知道您是谁吗？”

“我是谁？”他暗想，“是个倒霉鬼，是个穷光蛋，我是个被生活抛弃的人！”

但他仍然故作镇静地问：

“我是谁呢？”

“您是伟人”，吉普赛人说，“您知道吗，您是拿破仑转世！您身上流的血、您的勇气和智慧，都是拿破仑的啊！先生，难道您真的没有发觉，您的面貌也很像拿破仑吗？”

“不会吧……”他迟疑地说，“我离婚了……我破产了……我失业了……我几乎无家可归……”

“嗨，那是您的过去，”吉普赛人只好说，“您的未来可不得了！如果先生您不相信，就不用给钱好了。不过，五年后，您将

是法国最成功的人啊！因为您就是拿破仑的化身！”

他表面装作极不相信地离开了，但心里却有了一种从未有过的伟大感觉。他对拿破仑产生了浓厚的兴趣。回家后，就想方设法找与拿破仑有关的一切书籍著述来学习。渐渐地，他发现周围的环境开始改变了，朋友、家人、同事、老板，都换了另一种眼光、另一种表情对他。事情开始顺利起来。13 年以后，也就是在他 55 岁的时候，他成了亿万富翁，法国赫赫有名的成功人士。

心灵处方

如果把自己看成是伟人的化身，然后像伟人一样行动，那你的生命自会精彩得无与伦比。

48. 偏将修城墙

唐朝时藩镇混战，济州城的城墙在一次战斗中受到严重的损坏。这时有探马来报，青州节度使正在集结兵马准备乘虚来攻，济州城的守将十分着急，就想尽快修复城墙，以加强守备能力。可是半个月过去了，工地的进展却十分缓慢，将军急得破口大骂：

“一帮蠢材，十五天过去了，三尺墙都没建起来，等到你把墙修起来时，济州城早就沦入敌手了！”

这时一个偏将站出来说：“将军，把这件事交给我好了，我可以保证在三天之内把城墙修复！”

将军虽然对偏将的话将信将疑，但鉴于军情紧急，还是把这件事交给偏将来做。

偏将先到现场巡视了一遍，发现总共有十丈城墙严重损坏，他首先把这十丈城墙分为五十段，每段二尺长，每个工匠负责一段，并以高价包给包工头，包工头可以拿些钱自己再去雇十名工匠。

为了让每个工匠都能专心做自己的工作，他又分别为每个包工头配备了杂役手十名，以此成一个班。

每一丈的范围内有五个班，偏将再配一名监工加以指挥。监工除了指挥和协调自己这一丈工地的工匠工作外，还要注意各班是否有偷懒或是人手不足的情况。这位监工的工作做好了，可以获得比其他人高出好几倍的奖金。

第二天清早，偏将最早来到工地，时间一到，他就敲起“开工大鼓”，让工匠一齐开始工作，到一定时间，他又敲“收工梆子”，让大家一起休息。

他站在高处监督，如果有人不停下来休息，他就会大声叱责，命令其停止工作。

这一来，工地上气氛为之一变，工匠们既开始专心工作，又在相互配合，可是还有一些地方不尽人意。

一天过去了，城墙的修缮并没有预想的进展快，偏将就考虑到明确下属的工作范围只是成事的前提，要创造出工作的奇迹，还需要用新的管理方法。

当天傍晚，偏将把工匠们都召集起来，以丰盛的酒菜招待他们，让他们尽情开怀畅饮，偏将在席上来回敬酒，与大家一起干杯。

工匠们原以为偏将会训斥他们没有完成任务，却不料他不但不提此事，还敬大家酒喝，大家十分感动，纷纷表示明天大家一定卖命筑墙。

不过工匠们虽然摆平了，监工们对偏将的做法却嗤之以鼻：“马屁拍得太过分了！”大家一句话也不说。

偏将于是将所有的监工集合到另一个地方，跟大家分析目前的形势：

“城墙没有修好，青州军攻来的话，大家会怎么样？”

监工们都没有说话，偏将接着说：“城要是被敌军攻下，各位的命就丢了，各位的财产会被敌军劫夺，各位的妻女遭敌军蹂躏！

大家会一无所有!”

监工们每个人都有家眷，财产又多，生活十分富裕，如果城墙修好了，更可以得到一大笔奖金。所以当他们听偏将说会“一无所有”时，心中不由得生出恐惧感来。

于是第二天一早，全体工程人员都在监工们的吆喝下开始工作了，到了天黑，谁也没有停下的意思，仍在努力修城。

三天期限到了时，将军来到工地，只见不光城墙已经修好了，四周也都收拾得干干净净，只等验收了。

将军十分高兴，当即把偏将官升一级，浮动赏银三级。

偏将的成功主要得力于他把握了人性。人是有七情六欲的，他们的工作态度决定了工作的效率和质量。

偏将对他们诱之以利，动之以情，迫之以险，部下自然会卖命地工作。

心灵处方

人的工作潜力是惊人的，这需要做领导的你运用智慧，发挥才能，调动部下的情绪，挖掘他们的潜力，这样奇迹就成为可能!

心灵驿站

XINLINGYIZHAN

生活中的智慧之灯

青少年枕边书

QINGSHAONIANZHENBIANSHU

心灵是一潭清澈的水，不过要驿站的阁厅来装饰，才能绣成美丽的风景。

秦榆◎编著

上

北京联合出版公司

图书在版编目（CIP）数据

心灵驿站/秦榆编著. —北京：北京联合出版公司，2008.8
（2015.10 修订重印）
ISBN 978-7-8060-0915-9

Ⅰ. 心… Ⅱ. 秦… Ⅲ. 人生哲学—通俗读物 Ⅳ. B821-49

中国版本图书馆 CIP 数据核字（2004）第 051173 号

心灵驿站

编　　著：秦　榆
责任编辑：孙志文　文　超
封面设计：燕宏林洲
图文制作：北京东方视点数据技术有限公司

北京联合出版公司出版
（北京市西城区德外大街 83 号楼 9 层　100088）
北京龙跃印务有限公司　新华书店经销
字数 210 千字　640mm×960mm　1/16　36 印张
2015 年 10 月第 2 版　第 3 次印刷
ISBN 978-7-8060-0915-9
定价：84.00 元（全三册）

前　言

有位伟人说："乐意工作的人，身心永远年轻，而能把工作与休息变作一种乐趣的人，是天下最聪明的人。"因此，当工作是一种快乐时，生活是甜的；当工作是一种负担时，生活是苦的。

随着现代生活节奏的加快，人们的工作陷入到各种坎坷、挫折、磨难和那些不顺心如意的事情中，这些令人不快的事情让人感觉疲倦、无奈、烦恼、痛苦。所以，越来越多的人走入了一个工作的误区，让心灵和身体处在无尽的忙碌状态中，他们以为这样就没有时间烦恼和痛苦了。结果却恰恰相反，他们疲于奔命，只是让自己陷入另一个烦恼、痛苦的漩涡。事实上，走出烦恼、远离痛苦的方法只有一个：学会工作，学会休息。

让工作和休息适当地结合在一起，才是最好的生活。休息不是一种空虚状态，也不是一段假期，休息是工作与娱乐的合二为一，工作因为这种结合而变得崇高起来。只有学会休息的人，才能更高质量地享受工作的乐趣。

某一个华灯初上的夜晚，或是某一个朝霞满天的早晨，再或是某一个下雨的黄昏，某一个阳光灿烂的午后，你都可以让自己休息一会，哪怕是只有几分钟，那也就足够了。短暂的休息，是要你把工作中一些无聊的事情放下，整理一下纷乱的思绪，然后以全新的姿态重新出发！

一年有四季的轮回，一天有白天与黑夜的更迭，作为一个凡尘中的人，要学会工作，学会休息，让工作和休息在生活中交替，这才算是一个完整意义上的人。人正是靠着短暂的休息，才以最快的速度调整状态，以最快速度吸收养料，从而有足够的精力把工作做得更好。休息对于工作来说，如同游在水中的鱼要时时到水面上补充一下氧气一样。

本书收集了许多精彩的故事，它们是爱的化身，是真情的足迹，是风雨人生中的希望之光，是平凡生活中的智慧之灯。它们都是我们平凡生命中的鹅卵石，捡起来放在口袋里，终有一天它会变成无价的宝石。

慢慢去读紧，慢慢去捡吧，它能让你在忙碌烦琐的工作中得到美的享受，能让你繁忙工作之余的休息时间充满快乐和温馨，让你在这一刻里享受阳光的温暖，享受爱的抚摸，享受真诚的祝福……

加里宁说：有思想的生活，即充满了公共利益，因而抱有高尚目的的生活，便是世界上最优美，最有趣的生活。

愿广大的读者都能拥有一份最优美、最有趣的生活。

目 录

第一章

为爱停留　驻足真情

1. 苦难的光芒

去年夏天，随一位记者朋友下乡去采访。我们所到之处是一个贫困偏僻的山村，在那里，我见到了这个村子里最穷的一户人家。

说是人家，其实只是父子俩：儿子痴呆，父亲双腿截瘫，终日坐在床上。他们的家安在牛棚里，左边躺着几头牛，右边放着父子俩的睡床，中间用一道齐腰高的土墙隔开。

我的记者朋友问这里的村长："村里每个月救助他们多少钱？"

村长说："他们不需要救助。"

我们惊讶了："他们靠什么生活呢？"

"儿子为村里放牛，他脑子虽不好使，但干这事还不曾出过大错；父亲做斗笠、织蓑衣，为本村人修家具，完全可以维持两人简单的衣食。"村长说。

我走进那间牛棚，推开那扇形同虚设的木门，看见一个须发很长且已花白的中年男人，臀部以下是触目惊心的空白，他正"坐"在床上，修补着一件蓑衣。我在他面前站住了，我掏出一张50元的钞票递给他。他看了看，神色平静地说："你要买什么？斗笠？还是蓑衣？"

"我什么也不买。"

他有些恼怒了："什么也不买那你给我钱干什么？我知道你是从城里来的，根本不会要我这些破东西，但我也不要你的钱。"

我突然有一种惊惶，更感到一种惭愧。我发现我犯了一个不可饶恕的错误，我在向一个不需要施舍的人施舍，我忽略了一个看重尊严的人的尊严。凭心而论，命运对这父子俩真是太不公平了。但我发现那父亲却是清醒的，而生命的大悲大痛正源于这种清醒。

我曾经以为，苦难是一种酸性物质，它能一点点腐蚀人的自尊，毁掉人的生命力，但现在，我看见了在同一时空里，在我的周围，有这样的人：他们本是命运的弃儿，他们对人世本可以厌弃，可他们依然默默无言地生存着，并在这默默无言中让那些自认为可以俯视他们的人感到另一种光芒：苦难发出的光芒。

心灵处方

苦难有时是一种强心剂，让人在其中更加振作，更加清醒：命运只有由自己安排，任何苦难只是一种生活的状态，不管怎样，自尊自强，勇敢生存，苦难也能发出人生的光芒。

2. 人间天堂

夏日的一个黄昏，我们几个朋友坐在广场旁一家清雅的酒店里一边喝酒一边闲聊。透过玻璃窗，我们看见街头一个女孩正提着一篮子玫瑰花，四处向人兜售。

夜色萧萧而下，霓虹闪烁，那个美丽的黄昏忽略了小女孩一篮子好看的玫瑰。

我们只顾喝酒，也就没再注意那个女孩了。不知过了多长时间，那个小女孩竟站在饭店门口，她清秀的脸上爬满了忧愁与焦虑，操着蹩脚的普通话，有些怯怯地问："老板，可不可以卖一碗蛋炒饭给我？"

正站在我们旁边的30多岁的老板转过头，看了看她。小女孩更加羞涩了，站在那里，小手揪着衣角，不敢言语。

"当然可以，你进来坐吧！"老板语音刚落，小女孩就语无伦次起来："不，不，你把米饭盛在方便袋里就行了。"

我们停止了谈笑。老板一副古道热肠："没关系，你坐吧。"谁知小女孩说什么也不肯。最后老板只好给她打点好。小女孩感激地提着一方便袋蛋炒饭走了。临走时，她高兴地付了两元钱。

其实，那些蛋炒饭肯定超过两元钱。一问老板，果然如此。老板猜测说，这蛋炒饭可能不是那个女孩买给自己的，因为许多天来，她一直在这个广场周围卖花，来买蛋炒饭却是头一次。所以老板想，肯定还有一个人，或者她的亲戚，或者她认识的一个更加苦难的朋友，需要小女孩的照顾。最后老板说："我给了她两份饭。"

以前也常见到有些衣衫褴褛的小孩到饭店买饭时饭店不予理睬的事情。这位面容安详气质儒雅的老板让我不由得敬重与感动。

不一会儿，那老板突然一拍脑门，说："不好，我忘记给她们筷子了。"我正好对那个小女孩很感兴趣，就说："我去送给她们。"

在广场的一角，我看见了她，那个卖花的小女孩，她身边还有一个灰头土脸的妇女，正神色黯然地看着我。小女孩一只抓米饭的手停在了妇人的嘴旁。

见她们拘谨，我连忙说："我是来给你们送筷子的。"

小女孩说了声谢谢。我本想与她攀谈几句，可她们对自己的遭遇闭口不提。我只知道她们是一对母女。

临走时，女孩递给我一朵玫瑰，说让我送给饭店老板。

不知为什么，手里握着玫瑰，心里似一片波澜不止的湖。饭店老板对小女孩的热情在小女孩看来不仅仅是一念小小的善心，更多的则是一种尊重。把玫瑰放在我的手上时，小女孩浅浅地笑了，露出两颗雪白的小虎牙。我感觉到，她的晶莹如同莲花上的露珠，在微风中摇曳传递着她小小内心深处由衷的感激。那一朵玫瑰，就是一个天堂啊！

感激那个黄昏，让我们知道了玫瑰是不应该被忽视的。也感谢那个黄昏里如玫瑰一样的悄悄绽放的女孩，让我懂得了有一种芬芳用一朵玫瑰就可以穿越红尘中无情的空间与有情的心灵，直接抵达人间天堂。

心灵处方

受人滴水，报以涌泉。送人玫瑰，手留余香。捧出你的爱心让世界变成充满爱的人间天堂！

3. 爱的眼镜

我刚到一个单位，见人就问好，可我单位的一位大姐，总是面沉似水，对人爱理不理的，弄得我好生诧异，我与她前世无冤近日无仇，这是何苦来的？以后我见了她也装没看见，何必呢，我又不求你，用咱的热脸贴你的冷脸！有一天，我去打开水，正要拧开水龙头，大姐一旁说话了："你听，水箱里是不是有响声？"我细听，果然。大姐说："那是正往里续生水，你等一会儿，水开了再打。"原来，这大姐是个地地道道的"水箱性格"，外凉内热。但她的语言还是泄漏了她的善良，正如那水箱上的红灯，每当水开了它总是不由自主地亮了起来。

新租了一个住处，周围的老住户总是用警惕的眼睛打量我，那眼神一看就像"对走资派进行全面无产阶级专政"时代的后遗症。怎么办？细一寻思，如果想以最快的速度解脱异域的陌生感，与周围邻居保持一种友好关系是最便捷的办法，让别人一步，其实是留给自己一步退路。

第二天，我下楼，看见一些总是义务维护治安的老头老太太们一齐用陌生的眼光打量我，我拿出从世界小姐选美大赛那里模仿来的最具亲和力的笑容，向他们问好。短短的惊异像破晓前的黑暗，他们多皱的脸上随即现出了晨光般的笑容。以后，他们一见我，就主动地向我问好。还有一位老大爷"多情"地对我说："姑娘，缺什么东西来我家拿！"我含笑点头，领受这份真诚。

其实，每个人都是善良的，每个人的心灵都是美丽的。我们触摸不到爱的阳光，仅仅是因为我们戴了一副变色眼镜。我们通过这副眼镜看到的是冷漠的表情，阴沉的脸庞，不友好的目光。为什么不换副爱的眼镜呢？你会发现周围的人是那么真诚，这个世界是如此可爱。

心灵处方

你对世界的感觉比这个现实世界的真实对你的影响更大，只有在自己心里镶上爱的眼镜，才能看出别人心里的宝石。付出爱心吧，它是人类永恒的主题。

4. 两颗钉子

每晚8时左右，有一位衣着褴褛然而神情坦然的老头，总会准时来到大院捡破烂，然后就默默离去，从不晚点，也从未久留。第一次见到老头时，他正在与门卫大吵大闹。他要进来捡破烂，门卫不让，说这是县委大院，而且又是晚上。老头便粗着脖子说：“我靠自己的双手捡点破烂糊口，凭啥不让？当我是小偷不成?!”老头很瘦，脖子上扯起根根青筋。他的缕缕白发在灯光下显得格外引人注目。

我当时认为老头有些倚老卖老、无理取闹的意味。然而几天后，我发现自己错了。

后来也不知门卫怎么就让老头进来了。老头每天都来大院垃圾箱里翻找破烂。但与别的捡破烂的不同，他每次都在天黑以后来，白天也不进来，而且他捡垃圾就是捡垃圾，除垃圾之外的东西秋毫无犯。这对一度饱受“顺手牵羊”之苦的大院住户来说实在是个惊奇的发现。后来，我们知道了关于他的一段凄楚的身世：老头是某国营工厂的退休工人，由于老伴长年体弱多病，老两口没少受儿媳的气，倔犟的老头不甘过仰子女鼻息的日子，与老伴租了间破房相依为命。由于原单位倒闭了，生性高傲的他为了凑足为妻子抓药的钱，不得不背上了拾垃圾的蛇皮袋。

了解了这段隐情后，大家都唏嘘不已，从此看他的眼光中就多了几分同情与敬重，一次，邻居大伯担心他晚上捡不到什么，便将一袋上好的桔子递给他。老头一愣，随即嘟哝了一句：我是捡破烂的，不是乞丐。拍拍手，提着瘪瘪的蛇皮袋起身就走。接下去的好几天里他都没再来。

大伯默然。几天后，老头终于又出现在大院的垃圾堆旁。趁他离去时，大伯回屋拿出铁锤。在垃圾旁的大树上一上一下钉了两颗铁钉。第二天黄昏，大伯将一些包扎好的食品、用具挂在上面的钉子上，又将一些旧书、旧报捆扎一起挂在下面的钉子上。第二天，捡破烂的老头来了，他取走了挂在树上的那两个食品袋。他当它们是别人舍弃不要的垃圾了。

后来，大院里的许多住户都知道了这一秘密，于是树上的钉子便常常多出许多胀鼓鼓的食品袋来。门卫也很默契，晚上除了让老头进来外，对其他捡破烂的则一律拒之门外。每天晚上，老头进来后总要先在垃圾堆里翻找一通之后，再去取那些食品袋，据经常晚归的小王说，一次他看到老头在取那些食品袋时，竟然泪流满面。

心灵驿站

心灵处方

真诚的爱心，会在别人心灵深处留下永恒的阳光。面对他人脆弱易碎的尊严，有时无声的呵护更胜过万语千言，比如，大伯钉在树上的那两颗钉子。

5. 走错方向的灵魂

去监狱采访，回来的时候竟有些迷惑。

他们的经历，并不怎么让我吃惊，犯人嘛！犯了罪的人，我有心理准备，让我不解的是其中的一些细节。

比如他，犯抢劫杀人罪，和同伙持刀抢劫，他朝被害人身上砍了三刀，同伙抢了钱喊他跑。他跑了几步，又折回来，对倒在地上的被害人说："捂住，别喝水！"再比如他，偷盗罪，那次他在火车上瞄准了一个带孩子的农村妇女，靠上前去，把手伸进女人衣兜，摸到一个小布包。车到某地他下了车。走出站口，想找一个没人的地方数钱。忽然听到一阵哭喊声，他走过去，只见刚才那个被他偷的女人坐在地上，一把鼻涕一把泪地哭诉道："我丈夫到南方打工，一年多没回家，上个月写信来，不要我了，要和我离婚。我卖了两口猪凑了路费去找他，可是刚才在车上全丢了。我找不到丈夫，回不了家，只有去死了！"他听了，走上前去扶起女人，说："大姐，别哭了，哭也没用，去报案把。"拉着她往外走，趁他不注意，把布包放到孩子的被里。"大姐，你再好好找找，是不是丢到别的地方了。"他假装帮她找，翻开被，露出小布包，女人一看，破涕而笑。他又从兜里掏 200 元钱，给了女人。女人感动得给他跪下。

杀了人又跑回来告诉人家别喝水，因为他知道喝水会引起大出血，让生命更接近死亡。偷了钱又还给人家，还把自己的钱给

她，他看不得她无路可走的惨状。原来这些坏人的身上，有时也有闪光的灵魂。只不过是走错了方向。

以前，总是认为只要是犯了罪的人心灵就是阴暗的，是不可救药的。但是当我听了他们的故事，我骇然，并且为自己以前的想法有一种负疚感。

心灵处方

活着，千万别用太绝对的眼光去看人。那样，你会错失许多美丽的东西。比如走错了方向的灵魂所发出的耀眼光芒。

6. 朋友的鞋

有一个叫德诺的少年，10 岁那年，他因输血不幸染上了艾滋病，伙伴们都躲着他，只有大他 4 岁的爱笛依旧像从前一样跟他玩耍。

一个偶然的机会，爱笛在杂志上看见一则消息，说新奥尔良的费医生找到了能治疗艾滋病的植物，这让他兴奋不已。于是，在一个月朗星稀的夜晚，他带着德诺，悄悄地踏上了去新奥尔良的路。

为了省钱，他们晚上就睡在随身带的帐篷里，德诺的咳嗽多起来，从家里带来的药也快吃完了。这天夜里，德诺冷得直发抖，他用微弱的声音告诉爱笛，他梦见 200 亿年前的宇宙了，星星的光是那么暗，他一个人待在那里，找不到回来的路。爱笛把自己的鞋塞到德诺的手上："以后睡觉，就抱着我的鞋，想想爱笛的臭鞋还在你手上，爱笛肯定就在附近。"

孩子们身上的钱差不多用完了，可离新奥尔良的路还很远。德诺的身体越来越弱，爱笛不得不放弃了计划，带着德诺又回到了家乡。爱笛依旧常常去病房看德诺，他们有时还会玩装死游戏吓医院的护士。

秋天的下午，阳光照着德诺瘦弱苍白的脸，爱笛问他想不想再玩装死的游戏，德诺点点头，然而这回，德诺却没有在医生为他摸脉时忽然睁开眼笑起来，他真的死了。

心灵驿站

那天，爱笛陪着德诺的妈妈回家。俩人一路无语，直到分手的时候，爱笛才抽泣着说：“我很难过，没能为德诺找到治病的药。”

德诺的妈妈泪如泉涌：“不，爱笛，你找到了。”她紧紧搂着爱笛：“你给了他快乐，给了他友情，给了他一只鞋，他一直为有你这个朋友而满足。”

心灵处方

生活中，我们需要的往往不是别的，只是一只鞋；需要我们给予别人的，也往往不是别的，也许只是一只鞋。它让我们知道，朋友就在身边，我们是永远被关心着，被疼爱着的。

7. 永远的约定

矿工下井刨煤时，一镐刨在哑炮上。哑炮响了，矿工当场被炸死。因为矿工是临时工，所以矿上只发放了一笔抚恤金，不再过问矿工妻子和儿子以后的生活。

悲痛的妻子在丧夫之后是来自生活上的压力。她无一技之长，只好收拾行装准备回到那个闭塞的小山村去。那时矿工的队长找到了她，告诉她说矿工们都不爱吃矿上食堂做的早饭，建议她在矿上支摊儿，卖点早点，一定可以维持生计。矿工妻子想了一想，便点头答应了。于是一辆平板车往矿上一支，馄饨摊儿就开张了。8 毛钱一碗的馄饨热气腾腾，开张第一天就一下来了 12 个人，随着时间的推移，吃馄饨的人越来越多，最多时可达二三十人，而最少时从未少过 12 个人，而且风霜雨雪从不间断。时间一长，许多矿工妻子都发现自己的丈夫养成了一个雷打不动的习惯：每天下井之前必须吃上一碗馄饨。妻子们百般猜疑，甚至采用跟踪、质问等种种方法来探求究竟，结果均一无所获。直到有一天，队长刨煤时被哑炮炸成重伤。弥留之际，他对妻子说："我死之后，你一定要接替我每天去吃一碗馄饨。这是我们队 12 个兄弟的约定，自己的兄弟死了，他的老婆孩子，咱们不帮谁帮。"从此以后每天的早晨，在众多吃馄饨的人群中，又多了一位女人的身影。来去匆匆的人流不断，而时光变幻之间唯一不变的是不多不少的 12 个人。

时光飞逝之间，当年矿工的儿子长大成人。而他饱经苦难的母亲两鬓斑白，却依然用真诚的微笑面对着每一个前来吃馄饨的人。那是发自内心的真诚与善良。

更重要的是，前来光临馄饨摊儿的人，尽管年轻的代替了年老的，女人代替了男人，但从未少过 12 个人。穿透十几年岁月沧桑，依然闪亮的是 12 颗金灿灿的爱心。

心灵处方

有一种约定由真情铸造；有一种约定可以穿越出世间最昂贵的时光抵达永远。这种约定就是爱。

8. 传递爱的红苹果

1942年寒冬，纳粹集中营内，一个孤独的男孩正从铁栏杆向外张望。恰好此时，一个女孩从集中营前经过。看得出，那女孩同样也被男孩的出现所吸引。为了表达她内心的情感，她将一只红苹果扔进铁栏。一只象征生命、希望和爱情的红苹果。

男孩弯腰拾起那只红苹果，一束光明照亮了他那尘封已久的心田。第二天，男孩又到铁栏边，尽管为自己的做法感到可笑和不可思议，他还是倚栏杆而望，企盼她的到来，年轻的女孩同样渴望能再见到那令她心醉的不幸的身影。于是，她来了，手里拿着红苹果。

接下来的那天，寒风凛冽，雪花纷飞。两位年轻人仍然如期相约，通过那只红苹果在铁栏的两侧传递融融暖意。

这动人的情景又持续了好几天。铁栏内外两颗年轻的心天天渴望重逢：即使只是一小会儿，即使只有几句话。

终于，铁栏会面潸然落幕。这一天，男孩眉头紧锁对心爱的姑娘说："明天你就不用再来了。他们将把我转到另一个集中营去。"说完，他便转身而去，连回头再看一眼的勇气都没有。

从此以后，每当痛苦来临，女孩那恬静的身影便会出现在他的脑海中。她的明眸，她的关怀，她的红苹果，所有这些都在漫漫长夜给他送去慰藉，带来温暖。战争中，他的家人惨遭杀害，他所认识的亲人都不复存在。唯有这女孩的音容笑貌留存心底，给予他生的希望。

1957年的某天，美国。两位成年移民无意中坐到一起。“大战时您在何处?”女士问道。“那时我被关在德国的一座集中营里。”男士答道。

“哦！我曾向一位被关在德国集中营里的男孩递过苹果。”女士回忆道。

男士猛吃一惊，他问道：“那男孩是不是有一天曾对你说：明天你就不用再来了，他将被移到另一个集中管去?”

“啊！是的。可您是怎么知道的?”

男士盯着她的眼：“那就是我。”

好一阵沉默。

“从那时起，”男士说道，“我再也不想失去你。愿意嫁给我吗?”

“愿意。”她说。

他们紧紧地拥抱。

1996年情人节。在温弗利主持的一个向全美播出的节目中，故事的男主人公在现场向人们表达了他对妻子40年忠贞不渝的爱。

“在纳粹集中营，”他说，“你的爱温暖了我，这些年来，是你的爱，使我获得滋养。可我现在仍如饥似渴，企盼你的爱能伴我到永远。”

心灵处方

也许爱情的故事还不是最重要的。更重要的是两个人能始终感受着，品味着，那也许是我们能坚持到永远的仅有机会。

9. 打开心灵的钥匙

沙莲娜是美国加州大学的最年轻的讲师，比尔是加州一位年轻有为的律师，新婚还不到一年的他们已经开始感受到了爱情被婚姻包围住以后的枯燥和无奈。但他们都还记得他们浪漫的新婚之夜。

他们是第一批报名在加州大酒店举行新创意集体婚礼的。在集体婚礼的舞会上，比尔和沙莲娜的舞蹈得到了很多赞美和祝福。那天晚上，当他们要求回他们的新婚房间时，主持婚礼的司仪给了他们每人一把钥匙，这让他们莫名其妙。晚上当比尔和沙莲娜一起赶到属于他们的新房时，发现那个用两颗心叠在一起的锁好别致呀，他掏出自己的钥匙插在左面的锁孔里，门锁不动，右面也不行。比尔让沙莲娜试一下也不行，沙莲娜建议两个一起来，于是比尔把自己的钥匙又插了进去，同时转动钥匙，门开了。在房间里等待着的有蜡烛，浪漫的音乐，还有几个时尚杂志的记者，他们把陶醉在爱情中的比尔和沙莲娜拍摄成了明星一样的人物，还上了杂志封面。

婚后的日子一直被这种快乐的浪漫包围着，他们都认真地经营自己的感情。培养着爱情的土壤和花。然后，时间把一切有香味的东西都逐渐淡忘，渐渐地他们有了争吵。迟到的雨具和被淋病了的沙莲娜，偶尔放错调料的咖啡和比尔的愤怒，渐渐地，比尔开始嫌弃沙莲娜不懂得爱情的细节，不懂得在他的咖啡里多加些方糖，而沙莲娜也发现比尔一直不注意她新更换了一套裙子，她还发现比尔开始有说话不自然的电话，甚至有时候借口工作加班不回家吃晚饭。直到比尔提出了分居。

沙莲娜实在受不了这种有隔阂的生活，同意了比尔的要求，在收拾她自己的东西的时候，她发现她的钥匙，不是钥匙，是一个像钥匙一样的纪念品。原来是他们新婚之夜酒店奉送给他们用玉石打制的两把钥匙的纪念品，酒店里给它的名字叫“幸福钥匙”，可以凭这一对钥匙免费消费一个晚上。两个人同时打开一扇门，幸福的钥匙打开幸福的门。沙莲娜忽然想到了这样的主意。

比尔也不知道沙莲娜为什么心血来潮非要去加州大酒店里住一个晚上然后才同意分居。他们又一次被分配到了新婚之房，不知怎的，当比尔把钥匙插进锁孔，看了一眼沙莲娜的时候，他一下子好像回到了一年前，那一双柔柔的眼睛里不是满是关心吗？一二三，门开了。令比尔意外的是和他们新婚时一样的设计，蜡烛和音乐。那一瞬间，一切琐碎的细节都显得好笑，而真正的爱情并没有远离他们。

第二天，比尔郑重地向沙莲娜请求，婚后的恋爱开始了，我能再一次请你出去吃饭吗？看着比尔的那个姿势，沙莲娜一下子笑出了声。幸福原来是这样的让人猝不及防。

心灵处方

时常，在心灵与心灵产生隔阂的时候，我们总是抱怨别人的不理解和冷漠，但我们总是忘记我们的那把钥匙，通往别人的心灵的那把钥匙。能打开自己，也能打开别人。

10. 双手俱废的父亲

很久很久以前，中原一户农家有个顽劣的子弟，读书不成，反把老师的胡子一根根都拔下来；种田也不成，一时兴起，又把家里的麦田都砍得七零八落。每天只跟着狐朋狗友打架惹事，偷鸡摸狗。

他的父亲，一位忠厚的庄稼人，忍不住呵斥了他几句。儿子不服，反而破口大骂。父亲不得已，操起菜刀吓唬他。没想到儿子冲过来抢过刀子，一刀挥去。

老人捧着受伤的右手倒在地上，鲜血淋漓，痛苦地呻吟着。而酿成大祸的儿子，竟连看都不看一眼，扬长而去。不知怎的，儿子再回来的时候，是将军了。起豪宅，娶美妾，多少算有身份的人，要讲点面子，遂也把父亲安置在后院，却一直冷漠，开口闭口"老狗奴"，自己夜夜笙歌，父亲连想要一口水喝，也得自己用残缺的手掌拎着水桶去井边。

邻人都道："这种逆子，雷怎么不劈了他？"

也许是真有天报应吧。一夜，将军的仇家寻仇而来，直杀入内室。大宅里，那么多的幕僚、护卫都逃得光光的，眼看将军就要死在刀下。突然，老人从后院冲了进来，用唯一的、完好的左手死死地握住了刀刃。他的苍苍白发，他不顾命的悍猛连刺客都惊了一下，他便趁这一刻的间隙大喊："儿啊，快跑，快跑！"

自此，老人双手俱废。

三天后，逃亡的儿子回来了。他径直走到三天不眠不休、翘首期盼的父亲面前，深深地叩下头，含泪叫了一声："爹——"

一刀为他，另一刀还是为他，只因他是老人家的儿子。

心灵处方

为儿子不惜断掉双臂的父亲啊，这又是怎样一种宽厚深情，比天阔，比海深。人间唯爱最揪心。

11. 土豆情深

文来自乡下，家境清贫，但他高大帅气，才华出众，运动场上的英姿不知迷倒了多少女生，被誉为师院的“白马一号”。

可是面对众多才女美女的爱慕眼光，文却迟迟没有表态，对谁都不远不近，还声言说自己毕业后要去贵州贫困山区支援教学。

大四那年的圣诞节，文邀请了所有对他有意思的女生和几位要好的男同学，提议大家来一个特别聚餐，要求每个赴宴的人必须自己备料做一道菜。

到了聚餐这天，女同学们八仙过海，各显神通，有的端出一盘油焖大虾，有的做了鲤鱼生熟两吃，有的海陆空会聚一盘，有的红黑白七彩纷呈。最奇怪的是，有个女生一口气端出五个叠在一起的食盒，每盒都是土豆：炸薯条，烙薯片，红烧土豆，咖喱土豆，土豆沙拉。众人一齐笑了：这样的盛会，怎么会有人做这样老土的东西？

但是那五道土豆却颇受大家的喜爱，人们边吃边赞。临走，给那位做土豆的女孩取了个善意的绰号：土豆。

转眼毕业时间到了，毕业典礼后，文再次邀请同学聚餐，是因为他和“土豆”订婚。席间，有人问他面对众多佳丽却最终选择毫不起眼的“土豆”的原因。文笑了笑，说那次聚餐是促使她选择“土豆”的绝对原因。他深情地望着未婚妻说：“我将来要过的，会是清贫的日子，不可能有太多机会去吃山珍海味。只有一个能将最便宜最普通的土豆做得那么风味可口的人，才可以把清贫的日子调理得色彩丰富。”

心灵处方

美丽奢华的爱也许会迅速夭亡，而只有平平淡淡的爱才能持久。所以，最好的，不一定是最合适的，最合适的，才真正是最好的。

12. 父亲的断指

他来自农村，学的是医学专业，上了几年学，家里值钱的东西都被他上没了。医院不好进，没钱也没关系的他，混了几年还是一个默默无闻的乡卫生员。

一辈子土里刨食、对他寄着太多希望的老父亲为此很着急，从百里外的农村老家赶来，带着他到医院求职。他成功地为某医院做了一例断肠接合手术。有热心人提醒他们父子要及时送礼。礼也送了——一壶家乡产的小磨香油，只是太轻了，轻得微不足道。院领导说，如果他能做断肢再植手术，就可以把他调进医院。

农民父亲听不出弦外之音，更着急不知要等到啥时候才会有断肢的病人来这小医院做接肢手术。即使有，也未必轮上儿子做。如果没有上手术台的机会，就意味着儿子还要一直等下去。

为了儿子的前途，生性笨拙的农民父亲突发奇想，一急之下剁掉了自己的一个手指，在手术台上指名要儿子做手术……

手术后拆线，看着还能弯动的手指，农民父亲笑了，儿子哭了，医院领导无话可说了。

心灵处方

当官的父亲，可以用权为自己的儿子疏通前途；经商的

父亲，可以用钱为自己的儿子铺垫道路。那个父亲是农民，两手空空，但他的力量却是惊人的，令人叹为观止，因为那是爱的力量。

13. 相濡以血

一对喜欢攀援的夫妻，有一天不幸双双坠入荆棘密布的深谷。遍体鳞伤的妻子醒来时发现自己的腿已摔断，不能动弹，而近旁的丈夫则还在昏迷之中。她急切地呼唤着丈夫的名字，并试图搬开卡住他的两块巨石，但没有成功。

在这远离人烟的山谷中，两个重伤员只有企盼奇迹出现。妻子脑海里绝望的念头只一闪，便打消了。因为她感觉到丈夫的心脏还在跳动，她忙替丈夫包扎好几处流血的伤口，然后将他的头揽在怀里，面颊紧紧贴上去，一声声轻唤着丈夫的名字。

许久许久，丈夫的喉结蠕动了一下，发出了含混不清的呻吟。妻子立刻意识到丈夫是想喝水，可是他身边没有一滴水啊！妻子急得嘴唇都咬破了。猛然，她有了办法！她将自己的右手食指放进嘴里使劲咬破，然后放进丈夫的嘴里，让他吸吮她的血。

疼痛中，妻子抓起身旁的一棵青草塞到嘴里，牙关紧咬时，一丝草汁竟让她欣喜万分。她开始不断地咀嚼青草、树叶，储备生命的能量，因为她知道只有自己坚持下去，丈夫才能有活下去的希望。

当食指再也吸不出血时，她又毫不犹豫地咬破了中指，塞到丈夫嘴里。

两天后，他们被一位猎人救了出来。当得救的丈夫得知了自己是吮吸妻子的鲜血才得以生还的时候，他跪倒在妻子跟前，捧

着那曾无数次牵过的小手，滚烫的泪水大滴大滴地落下……

心灵处方

这是一对让人肃然起敬的夫妻，他们不仅在困境中创造了生命奇迹，而且将爱情演绎得如此真挚、如此炽烈。毋庸置疑，拥有这样相濡以血的爱情的人，必然会拥有永恒的爱心，即使生活中有更多的坎坷，他们也会相依相爱着从容走过。

14. 圣诞节的礼物

在里约热内卢的一个贫民窟里，有一个男孩，他非常喜欢足球，可是又买不起，于是就踢塑料盒，踢汽水瓶，踢从垃圾箱拣来的椰子壳。他在巷口里踢，在能找到的任何一片空地上踢。

有一天，当他在一个干涸的小塘里猛踢一只猪膀胱时，被一位足球教练看见了，他发现这男孩子踢得很是那么回事，就主动提出送给他一只足球。小男孩得到足球后踢得更卖劲了，不久，他就能准确地把球踢进远处随意摆放的一只水桶里。

圣诞节到了，男孩的妈妈说："我们没有钱买圣诞礼物送给我们的恩人。就让我们为他祈祷吧。"

小男孩跟妈妈祷告完毕，向妈妈要了一只铲子跑了出去，他来到一处别墅前的花圃里，开始挖坑。

就在他快挖好的时候，从别墅里走出一个人，问小男孩在干什么，小男孩抬起满是汗珠的脸蛋，说："教练，圣诞节到了，我没有礼物送给您，我愿给您的圣诞树挖一个树坑。"

教练把小男孩从树坑里拉上来，说："我今天得到了世界上最好的礼物。明天你到我的训练场去吧。"

三年后，这位17岁的小男孩在1958年世界杯上率领巴西队第一次捧回金杯。一个原来不为世人所知的名字——贝利，随之传遍世界。

心灵处方

天才之路都是用爱心铺成的，并且在铺成这条路的爱心中有天才自己的一颗。天才之路如此，普通人的成才之路又何尝不是如此？

15. 无价真情

孔子有一天来到郊外，看见有个妇人伤心哭泣，就叫弟子去询问原因。

弟子来到妇人面前，问道："我的老师孔夫子问你，为什么哭得如此悲痛呢？"

妇人回答："我刚刚割草的时候，把丈夫送给我的那支用蓍草编的簪子弄丢了，怎么找都找不到，所以很难过。"

弟子不明白："不过是一根蓍草编的簪子，太普通了，也不值钱，你用得着那么悲伤吗？"妇人说："那是亡夫送给我的定情之物，不是普通的簪子呀，所以我才会那样悲痛。"

孔子听过以后，对弟子们说："真心真情，哪怕是一根草做的簪子，也比金和玉的簪子还更有价值。"

礼物的价值不在于金钱的多少，更让人感动的是送礼人的真心情意。

曾经有个朋友收过很名贵的生日礼物——一栋双层独立式洋楼。许多认识的朋友听说了都羡慕她。可惜送她礼物的人仅过两年就不在她身边了，对他眷恋不舍的她黯然流泪问："是不是可以用这栋房子交换他的心？"

人心的价值又是多少呢？如果他的心是可以以物质来交换，你还想要拥有吗？

在一个黄昏，几个朋友在喝茶，M 突然站起来，说是要赶着回去，大家纷纷开口挽留他："再坐一会儿嘛。""那么久才见一次，这样紧张要回去干吗?""好不容易老同学都有时间，你别急着走。"

"不行。"M摇头，"我答应太太每天黄昏陪她散步。"

"一天不散步也没关系呀!"

"是嘛，散步有那样重要吗?"

M笑，坚决地说："不可以，早就说好了，这是我今年送给她的生日礼物呢。"

真没想到"每天一同去散步"也可以成为一份礼物。时常为生意而忙碌不堪的M，能够坚持天天挤出一段时间来陪同散步，对他太太来说，这真是一份温馨可贵、意义深重的礼物。

年轻时候比较浅薄，认定凡是节日，非要送礼；在岁月的长河中不断淘洗后，终于明白真正有情，在乎一心。丰沛深长的情意，是任何礼物都不能替代的。

心灵处方

唯有牵引爱的生命旅程才会更充实，更温馨，更浪漫。但牵引的动力不是金钱，容貌、权力，而是真情。

16. 她将来还要嫁呢

这是一个现代都市里的浪漫爱情故事。他得了绝症，她辞掉了自己的工作，专心在医院里照顾他。他们纯洁的恋情打动了所有的人。

整整两年，他们的病友换了一个又一个，有的康复出院，有的进了太平间。而小伙子的病情不见好转也不见恶化。终于有一天，医生告诉他们一个沉痛的消息：小伙子的生命挺不过这一周了。女孩儿痛哭失声，小伙子却长舒了一口气，报社的记者们知道了这个感人的故事也匆忙赶来了。

记者们提出给两个人拍一张照，女孩儿拢了找自己的头发，准备配合记者拍照，小伙子却拦住了："还是不要拍了吧？"

"为什么？"

"将来她还要嫁人呢！我不想打搅了她以后正常的生活。"

她扑进他怀里失声痛哭。

第二天报纸上登出的是女孩的侧面照，一张美丽得让人心碎的侧影。

心灵处方

大千世界中的每时每刻，都在上演着爱情的悲剧、喜剧、闹剧、正剧，每个人都在给爱情下着自己的定义。感人的往往是悲剧，但愿朋友们主演的都是“正剧”，记住只有真爱，才有美满的结局。

17. 永不上锁的门

在苏格兰的格拉斯哥，一个小女孩像今天许多年轻人一样，厌倦了枯燥的家庭生活，父母的管制。

她离开了家，决心要做世界名人。可不久，在经历多次挫折打击后，她日渐沉沦，终于只能走上街头，开始出卖肉体。许多年过去了，她的父亲死了，母亲也老了，可她仍在泥沼中醉生梦死。

这期间，母女从没有什么联系。可当母亲听说女儿的下落后，就不辞辛苦地找遍全城的每个街区，每条街道。她每到一个收容所，都哀求道："请让我把这幅画贴在这儿，好吗？"画上是一位面带微笑、满头白发的母亲，下面有一行手写的字："我仍然爱着你……快回家！"

几个月后，没有什么变化。桀骜的女孩懒洋洋地晃进一家收容所，那儿，正等着她的是一份免费午餐。她排着队，心不在焉，双眼漫无目的地从告示栏里随意扫过。就在那一瞬，她看到一张熟悉的面孔："那会是我的母亲吗？"

她挤出人群，上前观看。不错！那就是她的母亲，底下有行字："我仍然爱着你……快回家！"她站在画前，泣不成声。这会是真的吗？

这时，天已黑了下来，但她不顾一切地向家奔去。当她赶到家的时候，已经是凌晨了。站在门口，任性的女儿迟疑了一下，该不该进去？终于她敲响了门，奇怪！门自己开了，怎么没锁?!不好！一定有贼闯了进去。记挂着母亲安危，她三步并作两步冲进卧室，却发现母亲正安然地睡觉。她把母亲摇醒，喊道："是我！是我！女儿回来了！"

母亲不敢相信自己的眼睛。她擦干眼泪，果真是女儿。娘儿俩紧紧抱在一起，女儿问："门怎么没有锁？我还以为有贼闯了进来。"

母亲柔柔地说："自打你离家后，这扇门就再也没有上锁。"

心灵处方

父母对子女的爱是最伟大的，它没有任何附加条件。无论你优秀还是普通，甚至是……父母的爱之门永不会关闭。

18. 编辑部里的秘密

一位原本家境就很贫寒的女大学生，从遥远的乡下来到北京。然而她来京上学还不到 10 天，家中就传来噩耗，父母姐妹在制作花炮的过程中，竟然在一声爆响里全被炸死了。家中房倒屋塌，不剩片瓦。从此女大学生举目无亲，再也没有一分钱的来源。

她含着眼泪向学校提出退学。看来这是唯一的办法。老师问她日后打算怎么办，她说家中有一亩一分地的水田，还有一头老牛。19 岁的她面临着另一种生活，回家种地，做一名乡野农妇。

老师听罢同样哭了，同学们也在迅速地为这名还来不及熟悉的同学赞助车费。可转天老师告诉她，说我爱人在学报工作，编辑部正需要一人看稿，一月 350 元。其他的我们再想办法。

她没有想到人逢绝路，又生出这样一线希望。她点点头，再次流出了泪水。

于是，她入学 10 天便成了一名学报的编辑。当然是业余。学校 8000 人，学生 6500 人。学报 10 天一张，稿子不多。她常没得看。但工资照发，月月 350 块。报社 5 个人，老张、老王、小李……人人都对她很好。她因课紧不能天天都去报社，居然没人找她。就是看稿也十分简单，改改错字，提些意见。她一度以为，做学报编辑真是轻松。

时光飞逝，落雨过去，又是落雪，4 年的大学生活一晃过去了。她始终不知道，4 年中的每月 350 块，并非学校所发。而是 5

名编辑人员从工资里均摊给她。她更不知道学报并不需要这样一位看稿编辑，一切都是为她专门设立的。

4 年，没有人说破这个秘密；4 年，她日日蒙在鼓里。她离校的那天，学报的全体编辑与她合了影，从此，她的相片高高地挂在编辑部的墙上。她走了，5 位编辑突然觉得空落。到发工资的时候，他们已经习惯了将每月工资取出一部分，摊在一起。习惯了这种安慰与自我心灵的净化。献出爱心，原来也是一种人生的收获和乐趣。于是，他们决定，再帮助一位贫困生，将这种爱永久地延续下去。

他们又雇用了一名因交不起学费而要中途退学的山里孩子。

于是，每隔 4 年，他们墙壁上的合影中都要换一名新人，一位并不需要的编辑。这已经是三届。看着墙壁上的这一合影，他们的内心总是充满了友善和爱的光芒。编辑部的工作也因此变得更有意义和乐趣。

心灵处方

这是一件小事，而正因为许多普通人总在悄悄地做这样一些小事，世界就在悄悄悄地改变。我们知道爱是阳光，温暖别人也照亮自己。

19. 咬了一口的汉堡包

一个雨天的早晨，我把孩子们送到学校后顺便去了一家快餐店，点了早餐。几张桌子上都是没有收拾的狼藉纸杯、盒子和法式炸土豆条。

一位年轻妇女与一个五六岁的男孩走进来，他们坐下点菜时又进来一个人，背微驼，穿着一件破烂的上衣。他缓慢地走向一张狼藉的桌子，慢慢地检查每个盒子，寻找残羹剩饭。当他拿起一块法式炸土豆条放到嘴边时，男孩对母亲窃窃私语道："妈，那人吃别人的东西！"

“他饿了，又没有钱。”母亲低声回答。

“我们能给他买一只汉堡包吗？”

“我想他只吃别人不要的东西。”

当女服务员递给母子俩两袋外卖食品时，男孩突然从他的袋里拿出一只汉堡包，咬了一小口，然后跑到那人坐的地方，把它放在他面前的桌上。

这个乞丐很惊讶，感激地看着男孩转身、消失。

当我离开饭店时，我看见蓝蓝的天空正从铅灰色的云朵下面露出来。

心灵处方

我们不能不为这颗童心而感动折服；我们不能不在这颗童心面前自惭形秽。来自童心的爱是奇迹，是恩泽，就像自天而降的甘露。

20. 寒夜

那天傍晚，他驾车回家。在这个中西部的小社区里，要找一份工作是那样的难，但他一直没有放弃。冬天迫近，寒冷令人难以忍受。

一路上冷冷清清。除非离开这里，一般人们不走这条路。他的朋友们大多已经远走他乡，他们要养家糊口，要实现自己的梦想。然而，他留下来了。这儿毕竟是他父母埋葬的地方，他生于斯，长于斯，熟悉这儿的一草一木。

天开始黑下来，还飘起了小雪，他得抓紧赶路。

你知道，他差点错过那个在路边抛锚的老太太。他看得出老太太需要帮助。于是，他将车开到老太太的奔驰车前，停下车来。

虽然他面带微笑，但她还是有些担心。一个多小时了，也没有人停下来帮她。他会伤害她吗？他看上去穷困潦倒，饥肠辘辘，不那么让人放心。他看出老太太有些害怕，站在寒风中一动不动。他知道她是怎么想的，只有寒冷和害怕才会让人那样。“我是来帮助你的，老妈妈，你为什么不到车里暖和暖和呢？顺便告诉你，我叫乔。”他说。

她遇到的麻烦不过是车胎瘪了，乔爬到车下面，找了个地方安上千斤顶，又爬下去一两次。结果，他弄得浑身脏兮兮的，还伤了手。当他拧紧最后一个螺母时，她摇下车窗，开始和他聊天。她说，她从圣路易斯来，只是路过这儿，对他的帮助感激不尽。

乔只是笑了笑，帮她关上后备箱。

她问该付他多少钱，出多少钱她都愿意。乔却没有想到钱，这对他来说只是帮助需要帮助的人，上帝知道过去在他需要帮助时有多少人曾经帮助过他呀。他说，如果她真想答谢他，就请她下次遇到需要帮助的人，也给予帮助，并且“想起我”。

他看着老太太发动汽车上路了。天气寒冷且令人抑郁，但他在回家的路上却很高兴，开着车消失在暮色中。

沿着这条路行了几英里，老太太看到一家小咖啡馆。她想进去吃点东西，驱驱寒气，再继续赶路回家。

侍者走过来，给她一个干净的毛巾擦干她湿漉漉的头发。她面带甜甜的微笑，是那种虽然站了一天却也抹不去的微笑。老太太注意到女传者已有很明显的身孕，但她的服务态度没有因为过度的劳累和疼痛而有所改变。

老太太吃完饭，拿出一百美元付账，女侍者拿着这一百美元去找零钱。而老太太却悄悄出了门，当女侍者拿着零钱回来时，正奇怪老太太哪去了，这时她注意到餐巾上有字。老太太写的，上面写着：“你不欠我什么，我曾经跟你一样。有人曾经帮助我，就像我现在帮助你一样。如果你真想回报我，就请不要让爱之链在你这儿中断。”

虽然还要清理桌子，服侍客人，但这一天女侍者又坚持下来了。晚上，下班回到家，躺在床上，她心里还在想着那钱和老太太写的话，老太太怎么知道她和丈夫那么需要这笔钱呢？孩子就快要出生了，生活会很艰难，她知道她的丈夫是多么焦急。当他躺到她旁边时，她给了他一个温柔的吻，轻声说：“一切都会好的。我爱你，乔。”

心灵驿站

心灵处方

有一句歌词是：“只要人人都献出一点爱，世界将会变成美好的人间。”但愿每个人都不只是唱唱而已。因为生活，如果没有爱，就如没有水的沙漠。

21. 让一只手承受全部的重量

和女友一块儿去逛商店，买了一大包东西，由我拎着，女友专心地挑选。回来的时候，在路口看到一个卖西瓜的小摊，问问价钱，还挺合理，女友想买，我说别买了吧，你看我都快拎不动了。女友说，没关系，我来拎一点。

一个西瓜有七八斤重，我用左手拎着，其他所有买来的东西加在一起也有四五斤重，女友用右手拎着，当时我们都没有想到由我用两只手来拎。当两个人很自然地把空着的手拉在一起的时候，我们才猛然意识到，我们让一只手承受全部的重量，原来是为了腾出另一只手来相牵相伴！

听过这样一个故事，一个远居国外的男人，到邮局去给他的妻子拍电报，全文是：“亲爱的妻，我在国外很想你，祝你圣诞节快乐！”当他掏钱付款时，发现身上带的钱差一点。于是他对邮局的小姐说，为了省钱，我可不可以去掉几个不必要的字？小姐说可以。但当她接过那丈夫删改过的电文时，发现去掉了“亲爱的”三个字。于是邮局那个小姐说：“先生，你还是把‘亲爱的’三个字添上吧，钱由我来付。你不知道，这三个字对一个女人来说有多重要！”

我一直深深感动于这个故事的平淡和深情。当我每天都用腾出的那只手牵住爱人的手时，我并没有感到自己身上增加了什么，但当我那只手骤然抓空时，我会觉得失去了很多很多……

心灵处方

不可否认，鲜花攻势、名牌礼物等确实是爱的表现方式，但你可知道，最真挚的最真实的爱其实就是让一只手承受外界全部的重量，同另一只手相牵相伴，传递绵绵不尽的爱。

22. 特殊游戏的特殊意义

我的祖父和祖母结婚已逾半个世纪，然而多少年来，他们彼此间不倦地玩着一个特殊的游戏：在一个意想不到的地方写下“Shmily”这个词留待对方来发现。他们轮换着在屋前房后留下“Shmily”，一经对方发现，就开始新的一轮。

他们用手指在糖罐和面箱里写下“Shmily”，等着准备下一餐饭的对方来发现；他们在覆着霜花的玻璃上写下“Shmily”；一次又一次的热水澡后，总可以看见雾气蒙罩的镜子上留下的“Shmily”。

有时，祖母甚至会重卷一整卷卫生纸，只为了在最后一片纸上写下“Shmily”。

没有“Shmily”不可能出现的地方。仓促间涂写的“Shmily”会出现在汽车坐垫上，或是一张贴在方向盘轴心的小纸条上。这类的字条还会被塞进鞋子里或是压在枕下。“Shmily”会被书写在壁炉台面的薄尘上，或是勾画在炉内的灰底上。这个神秘的词，像祖父母的家具一样成了他们房间的一部分。

直到很久以后，我才能完全理解祖父母之间游戏的意义。年轻使我不懂得爱——那种纯洁且历久弥坚的爱。然而，我从未怀疑过祖父母之间的感情。他们彼此深爱。他们的小游戏已远非调情消遣，那是一种生活方式。他们之间的感情是基于一种深挚的爱和献身精神，不是每一个人都能体验到的。

祖父和祖母一有机会就彼此执手相握。他们在小厨房里错身而过时偷吻；他们说完彼此的半截句子；他们一起玩拼字和字谜游戏。祖母常忘情地对我耳语祖父有多可爱迷人，依然还是那么帅气。她骄傲地宣称自己的确懂得“如何选择”。每次餐前他们垂首祈祷时，感谢他们受到的诸多福佑：一个幸福的家庭、好运道和拥有彼此。

可是一片乌云遮蔽了祖父母的家：祖母的癌恶化了，首次发现是在10年前。跟以往一样，祖父总是跟祖母肩并肩地走过人生艰难之旅的每一步。为了安慰祖母，祖父将他们的卧房喷涂成黄色，这样在祖母病重不能出屋时，亦能感到周围的阳光。

起先，在祖父坚实的手臂和拐杖的帮扶下，他们每天清晨一起去教堂散步和默祷。但随着祖母日见瘦弱，终于，祖父只能独自去教堂，祈求上帝看顾他的妻子。

然而那一天，我们担心忧惧的事终于还是发生了，祖母去了。

“Shmily”写在祖母葬礼上花束的黄色缎带上。当人群散去，叔伯、姑姑和其他的家庭成员又走上前来最后一次围聚在祖母身旁，祖父步向祖母的灵柩，用颤抖的声音轻轻地唱起“知道我有多么爱你……”透过悲伤的泪，这歌声低沉轻柔地飘入耳来……

我终于明白了他们特殊小游戏的意义。“S—h—m—i—l—y”：Seehow much I love you（知道我多么爱你）。

因悲伤而颤栗着，我永远无法忘记那一刻，这个令人震撼的发现。谢谢你们，祖父祖母，教我懂得了爱。

心灵处方

这个“Shmily”游戏是一种建立在真实生活上的浪漫情调，也是一种用人生全程做出的承诺。它的全部意义只有真正相爱的人才懂。

23. 爱的姿势

外公外婆特别喜欢乖巧伶俐的外孙女倩倩，为了让两岁的小倩倩尽早地看到大自然的美景，他们去胶东半岛旅游观光时便把倩倩带在了身边。

一路上公婆孙三人玩得格外开心，尤其是小倩倩的陪伴使老两口平淡的旅途变得更加轻松惬意，充满了情趣。

然而结束旅游返回的途中，他们却意外地遇到了船舱着火的险情。

从知道有危险的那一刻起，外婆就开始把在船舱里欢蹦乱跳不谙世事的小倩倩抱在了身上。在近十个小时的紧张等待救援的过程中，外公一遍遍地对外婆说，如果真要沉船，我来掩护你们，你一定想办法抱孩子逃生，孩子太小了，她的生活还没有开始呢。

面对着相濡以沫的老伴儿和外孙女这两位至爱的亲人，外婆默默地抱紧了倩倩。她告诉老伴儿，你放心吧，无论怎样我都不会丢下孩子，我愿意用我的生命来换得她的生还。

无情的船火、汹涌的海浪要把巨轮淹没了，外婆眼看着被击破的船舱，深知无论如何也无法抵御凶恶的海魔了，她只有用尽平生的力气紧紧地抱住外孙女那娇小的身体，任凭狂风骇浪、刺骨冰海的猛烈吞噬。

九天后，当这对婆孙的尸体从冰海沉船里打捞上来时，人们惊诧地发现，外婆紧紧地将外孙女搂在怀里，两个身体已连成一体无法分开。

心灵处方

这生死相拥的悲壮姿势是让人最悲戚、最震撼、最不忍的爱的姿势。这个平凡的姿势化作了永恒的一幕，生动地诠释了一个最圣洁最平凡的词汇——伟大的母爱！

24. 儿子眼中的父亲

在乔治的记忆中，父亲一直就是瘸着一条腿走路的，他的一切都平淡无奇。所以，他总是想，母亲怎么会和这样的一个人结婚呢？

一次，市里举行中学生篮球赛。他是队里的主力。他找到母亲，说出了他的心愿。他希望母亲能陪他同往。母亲笑了，说，那当然。你就是不说，我和你父亲也会去的。他听罢摇了摇头，说，我不是说父亲，我只希望你去。母亲很是惊奇，问这是为什么？他勉强地笑了笑，说，我总认为，一个残疾人站在场边，会使得整个气氛变味儿。母亲叹了一口气，说，你是嫌弃你的父亲了？父亲这时正好走过来，说，这些天我得出差，有什么事，你们商量着去做就行了。

比赛很快就结束了。乔治所在的队得了冠军。在回家的路上，母亲很高兴，说，要是你父亲知道了这个消息，他一定会放声高歌的。乔治沉下了脸，说，妈妈，我们现在不提他好不好？母亲接受不了他的口气，尖叫起来，说，你必须要告诉我这是为什么。乔治满不在乎地笑了笑，说，不为什么，就是不想在这时提到他。母亲的脸色凝重起来，说，孩子，这话我本来不想说，可是，我再隐瞒下去，很可能就会伤害到你的父亲。你知道你父亲的腿是怎么瘸的吗？乔治摇了摇头，说，我不知道。母亲说，那一年你才两岁。父亲带你去花园里玩，在回家的路上，你左奔右跑。忽然，一辆汽车急驰而来，你父亲为了救你，左腿被碾在了车轮下。乔治顿时呆住了，说，这怎么可能呢？母亲说，这怎么不可能？不过这些年你父亲不让我告诉你罢了。

二人慢慢地走着。母亲说，有件事可能你还不知道，你父亲就是布莱特，你最喜欢的作家。乔治惊讶地蹦了起来，说，你说什么？我不信！母亲说，这其实你父亲也不让我告诉你。你不信可以去问你的老师。乔治急急地向学校跑去。老师面对他的疑问，笑了笑，说，这都是真的。你父亲不让我们透露这些，是怕影响你的成长。但现在你既然知道了，那我就不妨告诉你，你父亲是一个伟大的人。

两天以后，父亲回来，乔治问父亲，你就是大名鼎鼎的布莱特吗？父亲愣了一下，然后就笑了，说，我就是写小说的布莱特。乔治拿出一本书来，说，那你先给我签个名吧！父亲看了他片刻，然后拿起笔来，在扉页上写道：赠乔治，生活其实比什么都重要。布莱特。

多年以后，乔治成为一名出色的记者。这时，有人让他介绍自己的成功之路，他就会重复父亲的那句话：生活其实比什么都重要。

心灵处方

当我们慢慢长大、成熟，我们会逐渐明白很多我们不曾发现的真情与关爱，当然这需要我们从生活中去发现，去体会。因为生活中只有多一些爱，多一次忍耐，多一些信任，你才能找到一条比别人更美丽更宽广的路。

25. 约翰逊夫人

约翰逊夫人是公司的总机接线员。电话总机设在信件收发室，而我是那些信差中的一员。

第一天上班，我就见到了约翰逊夫人。她正坐在那里编织毛衣。一个同事悄悄对我说：

“她是有名的厉害女人，她会盯住我们的一举一动。收发室她说了算。”

她没胡说。有天早上，我赶到收发室时已是 8 点 32 分，约翰逊夫人尖刻地说：

“你迟到了。”

“只晚了两分钟。”

“最好早到两分钟，迟到的人永远别想有出息。”

只要电话总机没事，她就一边织毛衣，一边监督我们。休息时，她会把咖啡从休息室端到收发室来喝，还会边织边看我们搞什么花样。午休时她也织个不停。

自我买了新皮鞋以后，我深信她开始厌恶我了。

“好漂亮的皮鞋，”约翰逊夫人说，她放下手中的活计，“让我看看你的新鞋。”

正如所料，看完之后她大声说：

“鞋底太滑了，这样的地板不宜穿这种皮鞋，你会摔跟头的。”

“我会走好的！”我在她的话音之后大声回敬了她。

每天我的第一件事，是把经理办公室的那些暖瓶装满水，并负责将它们送回办公室。穿上新皮鞋之后没几天的一个早上，我一不留神滑了一跤。把经理的那只银质水瓶摔碎了。我吓坏了，慌忙跑回收发室，让同伴出个主意。

“你干的好事！”约翰逊夫人说，“马上直接去见总经理，告诉他你干了什么。”

“我会被解雇的。”我喘息道。

“也许会，也许不会。”约翰逊夫人说，“你得正视自己犯的错。”

穿着那双该死的皮鞋，我站在经理面前，浑身发抖。他无语地听着我的诉说，然后伸手接过暖瓶碎片，平静地说：

“我是该换个新水瓶了。”

我兴奋起来：约翰逊夫人想坑我，没门。

此后，我脑子里经常想起这件事，所以当我听说被选去银行做存取业务的人是我时，深感意外。

“我会尽力而为的。”我发誓说。

会计部主任微笑着说：

“是约翰逊夫人推荐你的，她认为你有责任心。能干好工作。”

约翰逊夫人？我有点吃惊。这怎么可能？

圣诞节到来时，我终于对约翰逊夫人的看法全部改观。哈，她给我们每人一件礼物。

“打开看看。”她笑着说。

里面是一件漂亮的菱形图案手编毛衣，这时我和其他的同事才明白，原来她天天是在为我们织毛衣。我一直以为她跟我过不去，如今我明白她只是把我们往正道上引，为了我们好。她是个真正的朋友。我流着泪套上毛衣，语无伦次地说着谢谢。

圣诞节过后第一天上班，我一大早便来到公司，把一瓶美丽的鲜花摆在约翰逊夫人的总机台板上，我想让她也惊喜一下。

这一次，她热泪盈眶了。

心灵处方

很多时候，给你微笑，说你好话，为你掩护的人并不一定是你的朋友，相反，不时指出你的缺点，给你提醒、引导或在背后默默地为你工作的人，才是你真正的朋友，她给你的才是真正的爱。

26. 昼伏夜出的父母

父亲最近萎靡不振，一上床鼾声如雷，白天、晚上都如此。很影响我的睡眠。我提议带父亲去医院看看，他这个年龄嗜睡，没准是老年痴呆症的前兆。父亲不肯，说他没病。

父亲在农村穷了一辈子，我把他接到城里和我一起生活，没让他为柴米油盐操一点心。为买房子，我欠了一屁股债，这都靠我拼死拼活挣稿费慢慢还。我还不到30岁，头发就开始落英缤纷，这都是用脑过度、睡眠不足造成的啊！作为儿子，我对父亲唯一的要求就是他不打鼾该多好。

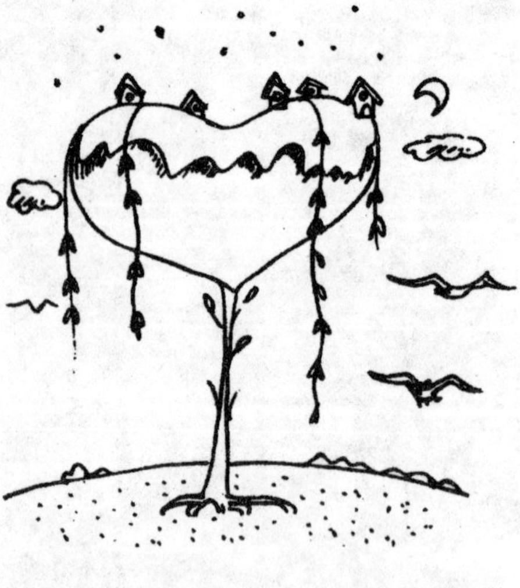

父亲每天给我做饭，吃完后让我好好睡，就出去。有天，我随口问父亲，最近干啥？父亲一愣，支吾说，没干啥。我突然发现父亲皮肤比原先白了，人却瘦了，我夹些肉放进父亲碗里，让他加强营养。父亲说，他是“贴骨膘”，身体棒着呢。

转眼到年底，我应邀为朋友厂里专访。朋友请我吃晚饭，饭毕，随他们到街上浴室洗澡。雾气缭绕的浴室边，一个擦背工正在一个肥硕躯体上刚柔并济地运作。与雪域高原般的浴室相比，擦背工更像一只瘦弱虾米。就在他结束程序，转身去更衣室取报酬时，我们目光相遇。“啊！爸爸！”我失声叫出来，惊得所有浴客都把目光投向我们父子，包括我的朋友。

朋友惊讶地问：“真是你父亲吗？”

我说是。我回答得很响亮，因为我没有一刻比现在更理解父亲了，我明白父亲为何在白天睡觉，他与我一样昼伏夜出啊！可我深夜沉迷于写作，竟未留意父亲房间没有鼾声！

我随父亲到更衣室。父亲从那浴客手里接过三块钱，喜滋滋地告诉我，这里是闹市区，浴室整夜开放，生意很好，他已积攒一千多块，想帮我早点把债还上。一旁递毛巾的老大爷对我说：“你就是小尤吗？你爸为你写好文章睡好觉，白天就在这些客座上躺一躺，唉，都是为儿为女哟……”

我心情沉重地回到浴池。父亲撇下老大爷，不放心追进来。父亲问：“孩子，想啥呢？”我说：“我想，让我为您擦一次背……”

“好吧，咱爷俩互相擦擦。你小时常帮我擦背呢！”

父亲以享受的表情躺下。我双手朝圣般拂过父亲条条隆起的胸骨，犹如走过一道道爱的山岗。

心灵处方

有一种爱如大山般坚强伟岸但却沉默，这就是——父爱。当我们长大也成为孩子的父母，停下奔忙的脚步，再握一握那曾经牵引我们成长的父亲的手，再感受一遍父亲历尽沧桑温暖不变的手掌，掌心里盛的是对我们无限的关爱。

27. 舍不得

有一个人，妻子怀孕了。随着胎儿的生长，他越来越休息不好了。因为睡觉时妻子总是把他挤到一边，他也不敢翻身动弹，生怕碰到妻子的肚子而伤及胎儿，所以很多时候他的半个身子都是悬空的，有一次睡到半夜他甚至掉到了床底下。

更为痛苦的是妻子：她几乎每夜都难以入眠，她要几百次地翻身，怎么也找不到舒适的体位；因为胎儿的压迫，妻子一夜要上十几次厕所，妻子的被窝怎么也暖不热。

有一天深夜，他和妻子都失眠了。他抚摸着妻子的肚子恨恨地说："等这个小家伙出世后，我一定要狠狠地给他两巴掌——你打一巴掌，我打一巴掌！"

终于，孩子出世了。他们看着这个鲜嫩的小生命，疼都疼不过来，怎么狠得下心来打呢？而且，孩子出世之后，麻烦更多了，白天黑夜，两人忙得手忙脚乱，随着孩子一天天长大，他们一天天瘦了下去。

他们决定，等孩子长大了，再打不迟。

再后来，孩子也结婚了。再再后来，孩子的妻子也怀孕了。

当他知道孩子的妻子怀孕了时，他叫来了孩子。他对孩子说："你跪下，我要打你两巴掌。"

孩子惊恐地说："爸爸，我没犯什么错呀，打我干什么？"

他就把那天夜里和妻子的约定告诉了孩子，孩子感到很可笑。

当他神情郑重地高高举起巴掌，轻轻落在孩子的屁股上时，孩子忍不住笑了出来。孩子的父亲心里轻轻叹息了一下：孩子小时舍不得，长大了仍然舍不得啊！

孩子回去了，孩子把这件事告诉了妻子，妻子听了也觉得好笑。

后来，有一个深夜，孩子突然发现自己摔在了床底下，不由失声痛哭了起来，因为他突然想起了父亲的话和父亲永远舍不得的两巴掌。

心灵处方

父亲那等了大半辈子仍然舍不得送出去的两巴掌使他明白：父母给了他太多太多的爱。也使他懂得：自己还应该承担更多更多的责任！

28. 牵挂

很长一段时间在外面漂泊，对故乡和亲人的思念在岁月的流逝中似乎渐渐淡了，每天总有那么多人要去面对，总有那么多事要勤恳地去做，除去一天三餐和那些永远忙不完的工作，剩下的时间总是那么有限，全部用来睡眠都不够，哪里还有时间去牵挂故乡和乡下的父母？

为了能心安理得地在城里比乡下父母受用无数倍地活着，曾给自己找了个淡忘的理由：什么故乡，所有的故乡原本不都是异乡吗？所谓故乡只不过是父辈漂泊的最后一站。父母？不也是好好地活着吗？在外面少让他们操心，每月寄点钱回去，让他们自己去多买点菜改善一下生活，这似乎就是许多漂泊者对故乡和亲人全部的付出，从不涉及一点情感的因素。

上个月我寄回家1000块钱，是想让生病在床的母亲每天买点肉熬汤补补身体。前两天晚上房东喊我接电话，拿起话筒一听竟是母亲慈爱的声音——一种令我魂牵梦绕的乡音。她慢慢地对我说，那1000块钱他们没有舍得吃肉，本打算存起来，后来村上装电话，就装了一部，只是为了能经常听到我的声音，她说，想我得很。

我其实一直也在心底牵挂她们，但从来没有像母亲想我那么“很”。我对故乡和他们的思念常常因为自己生活中的琐事和烦恼而中断，甚至有时会完全忘记在自己生活的城市之外，还有自己的故乡和父母存在，忘了他们在劳累着、在渐渐地变老，老到每天用大部分时间来思念我，而我呢？

挂上电话很久，泪水还涩涩地留在嘴边，母亲关切的话语仿佛一直在耳边温温地萦绕。电话可以传递我的声音，却永远传递不了我的感情；而我听到母亲的声音，全身分明是被家的暖流包围。她不知道我会哭，我真的很惭愧，以为每月尽量多寄点钱就可以使父母幸福地度过每一天，我时常还自诩能每月寄点钱回家，不像身边的许多朋友伸手向家里要钱。其实，我欠他们的太多太多。

那天，良心发现的我请朋友写了一张条幅挂在房中，上面清晰又明白地写着：你的碗里有肉，父母的碗里是否有菜？

心灵处方

其实，父母需要的不是钱，而是你在一天的奔波和忙碌之后，想方设法留给父母的一点情感上的关怀，哪怕只是一两句温馨的话语，也能让父母们感动不已。那么，你还等什么呢？打个电话给你亲爱的爸爸、妈妈吧！

29. 惊心动魄的爱

去年冬天，我的一位远方表姐从乡下来，在我家住了几日。闲聊中，她对我谈了这么一件事，使我听后有一种刺心尖般的痛楚。每每忆起，喟叹不已，使我一下子对婚姻，对家庭，对夫妻感情有了一个更深的体悟。

表姐她村里有一对夫妻，丈夫是乡里一所中学的民办教师，老婆是地道的农妇，结婚 30 年，吵了 30 年，争争吵吵中生了五个娃。十多年前，老婆听不少人讲她男人可能与学校的一个女教师有男女关系，于是曾哭着躺在学校的操场上从上午到半夜……

一年前，丈夫被查得了白血病，丈夫拿出两千块钱给老婆掌握用于治病，住进医院不到几天，两千块钱就花完了。再向丈夫要钱治病，可他却说没有钱了，家中就这么点钱。这下子可把一家人激怒了，被激怒的不仅仅是他老婆，还包括他的子女。一家人都确信他的钱是花在他相好的女教师的身上。因为这个家一直是他掌握着经济大权，除了每月工资，还帮人家补课，带家教，本人不抽烟，不喝酒，不赌博，没有一件像样的衣服，老婆也是属于辛辛苦苦挣钱，老老实实过日子的女人，炒菜油都舍不得放……

但任凭家人怎样猜疑、指责乃至出言不逊，他从不辩解，只是说，没有钱就不用治了。这个病是治不好的，拿钱打水漂……

这个男人终于走到生命的尽头，一日在弥留之际，他叫身边子女都出去，有话要对他们母亲讲。子女们疑惑地走出门后，他一手抓住老婆的手，要老婆把箱子底下一本书里的一个信封拿出来，拿出后，只见里面是一个两万元的存折和一份遗嘱，上面写着，这两万元是留给×××（老婆名）的，任何人不得动用。

他对老婆吃力地嗫嚅道："你不懂，我这病是治不好的，治到最后是人财两空……这钱是往水里丢……你没有劳保，自己有几个钱心里踏实……"

老婆见此，一下子扑在丈夫身上失声痛哭起来，哭得直捶自己的头，扯自己的头发……

心灵处方

这是一种永远惊心动魄的爱，它的伟大就在于将痛苦留给自己，把幸福留给对方。

30. 改变一生的信

有个大学三年级的女生，不漂亮，甚至还多少有点丑。见同班的女同学皆有了男朋友，唯自己形影相吊，便挺自卑，还常常悄悄地掉泪。

教心理学的老师觉察到了这件事，就假冒一个男生的名义，给她写了封匿名的求爱信。

尊敬的××：

冒昧地给您写信，您不会红颜大怒吧！

很久了，很久了，我一直在默默地观察着您！您是个极有特色的好女孩儿——当您的女同胞接二连三地有了男友，您却一如既往地保持着女性的庄重，与您的女同胞比，您显然比她们更有内涵，更有古典色彩，更有分量！因此，在我的心目中，您格外神圣、格外圣洁！自然，也正是因为您格外庄重、格外严谨，我才不敢放肆失礼——请恕我暂时不公开我的姓名，但我肯定会天天关注着您，在得到您的认可之前，就让我从一个遥远的地方，小心翼翼地、满怀希冀地看着您吧！

没有您，我将失望之极！

我坚信，在未来的期末考试中，您将凯歌高奏！

那时，请准许我真诚地为您高兴，行吗？您那灿烂的天使般的笑，将使我变得格外欢欣鼓舞！

一个盼望着得到您的青睐的极善良的男同胞

×月×日

果然，就这么一封信，也就一举改造了一个人。

看看那原本自卑的女孩子吧！自打收到了这封信，就恢复了勇气和信心——她抬起了自己高贵的头，她的步伐从此充满了自信，她不再暗自垂泪，她奋发图强，她的拼搏使人感动。到了年终，她果然以全优的成绩得到了全班同学的一致赞美！

心灵处方

爱情是伟大的，她不仅给你力量，给你自信，有时在不自觉中会改变你的一生。

31. 我们素不相识

周末在广九大酒店的“卡拉 OK”里听歌，看到一个 20 岁的女孩走上台去唱。也许心理准备不够充分，旋律响起后，她才唱了开头一句：

“雨潇潇……”

这个女孩跟不上旋律，非常尴尬，不知所措，再也唱不下去了。

有一个大胆的男孩，从座位上站起，快步走到台上，拿起另一只麦克风，站在女孩的身旁，待乐曲重又过渡到开头的时候，跟女孩齐声唱：“雨潇潇，恩爱断姻缘……”唱了这开头的一句后，他放下麦克风，大方地回到自己的座位上。那个女孩在他的“启动”下，有了信心，拉开了嗓子，大声唱到完。

当时我的心不觉涌出了一种感动。

那一年冬天，我独自走在广州的街上。经过公园前的马路，我正想着心事。忽然听到一声响亮的“喂!”接着被一个小伙子拉了一把。一辆红色“的士”飞快地从我面前擦身而过。我被吓了一大跳。当我定下神来想说声“谢谢你”的时候，那小伙子早已跨上自行车无影无踪了。后来独自逛街过马路，我总会想起这位面容都未曾记清的陌路人。

从前有一个不快活的老头儿，他常来看我。他的老伴几年前过世了，唯一的女儿也嫁到了美国。他不习惯那边的日子，不愿

意去住。他说：“我已是快入土的人了，还企望什么呢？”

这位孤独的老头儿没有任何企望，非常地节俭，不喝酒也不抽烟，只是喜欢喝咖啡。当我把一块白色方糖投入他的杯盏中，用一只小汤匙不断地搅动的时候，他竟感动得流出眼泪来。

以后每每他来看我，我都细心地为他煮咖啡，并且把一块白色方糖放进他的杯中，为他慢慢、慢慢地搅动。我不知道，在这个世界上，在这淡淡的苦味的杯盏中，他是否能获得一点甜意和安慰、一丝温暖？

心灵处方

我们素不相识，我们的爱没有血缘性。但是，我们会关心彼此，因为我们心中有爱。这是一种博爱，一种比血缘感情更深刻的东西，它有一种无形的凝聚力，把我们整个人类团结在一起。

世上每一个人都需要爱，需要温情，需要帮助。

别人给予我爱，我当把这爱，也给予别人。

32. 半个多世纪的温情

不久，一位朋友生病住院。我去探望她，我去时她的病房里刚来了一位70多岁的老太太，照顾老太太的是比她还大几岁的老伴，我不明白她身旁为何没有儿女，老太太说儿女不会照顾人，不如老伴知冷知暖，看他们配合是那样默契，老太太不用言语，一个小动作一次轻微的眼神，老伴就明白她要干什么或需要什么，并做出相应的举动。他们没有太多的话，目光里传递着温馨的关照，他们是刚解放那年结婚的，平淡温馨之中度过半个多世纪。

我们都羡慕地望着他们，谁说这世上爱情没有地老天荒海枯石烂呢？

之后听这位朋友说，到了晚上老头子找护士要求换个单间病房，护士和她都感到不解，护士想老太太的病情晚上完全可以自理，不需要她老伴的陪同，即使出现什么意外症状也有值班医生。她想他们都老头子老太太了，不会热到一个晚上都不能分开吧！最后老太太指着老伴说："我睡觉时腿要搭到他腿上，结婚50多年了从新婚到现在夜夜如此，我腿不搭到他腿上我晚上睡不着觉！"老头子老太太都有些不好意思，朋友和护士都感动了。

当夜医院没有单间病房，我的朋友主动搬了出来，在她似乎淡淡地讲述这件事时，她的眼角滚动着泪水。

心灵处方

牵手走过半个多世纪的温情岁月，没有海枯石烂的誓言，却演绎了一场地老天荒的爱情。不知道那些今天爱得死去活来，明天形同陌路的男男女女们读此故事将作何想。

33. 妻子的生日礼物

他和她结婚时家徒四壁，除了一处栖身之所外，连床都是借来的，更不用说其他的家具了。然而她却倾尽所有买了一盏漂亮的灯挂在屋子正中。他问她为什么要花这么多钱去买一盏奢侈的灯，她笑笑说：“明亮的灯可以照出明亮的前程。”他不以为然，笑她轻信一些无稽之谈。

渐渐地，日子好过了。俩人搬到了新居，她却不舍得扔掉那一盏灯，小心地用纸包好，收藏起来。

不久，他辞职下海，在商场中搏杀一番后赢得千万财富。像所有有钱的男人一样，他先是招聘了个漂亮的女秘书，很快女秘书就成了他的情人。他开始以各种借门外出，后来干脆无须解释就夜不归宿了。她劝他，以各种方式挽留他，均无济于事。

这一天是他的生日，妻子告诉他无论如何也要回家过生日。他答应着，却想起漂亮情人的要求。犹豫之后他决定去情人处过生日后再回家过一次。

情人的生日礼物是一条精致的领带。他随手放到一边，这东西他早已拥有太多。半夜时分他才想起妻子的叮嘱，忙急匆匆赶回家中。

远远看见寂静黑暗的楼房里有一处明亮如白昼，他看出来正是自己的家，一种遥远而亲切的感觉在心中升起。当初她就是这样夜夜亮着灯等他归来的。

推开门，她正泪流满面地坐在丰盛的餐桌旁，没有丝毫倦意。

见他归来，她不喜不怒，只说："菜凉了，我去再热一下。"

他没有制止她，因为他知道她的一片苦心。当一切准备就绪之后，她拿出一个纸盒送给他，是生日礼物。他打开，是一盏精致的灯。她流着泪说："那时候家里穷，我买一盏好灯是为了照亮你回家的路；现在我送你一盏灯是想告诉你，我希望你仍然是我心目中的明灯，可以一直明亮到我生命的结束。"

他终于动容，一个女人送一盏灯给自己的男人，应该包含着多少寄托与企盼！而他，愧对这一盏灯的亮度。

心灵处方

他最终回到了她的身边。因为他已明白爱是一盏灯，不管它是否能照亮他的前程，但它一定能照亮一个男人回家的路。因为这灯光是一个女人从心底深处用一生的爱点燃的。

34. 一颗珍贵的“充气塑料心”

在邮局工作的表妹给我讲了这样一个故事：

一天，一位先生要寄东西，问我有没有盒子卖，我拿纸盒给他看。

他摇摇头说：“这太软了，不经压。有没有木盒子？”我问：“您是要寄贵重物品吧？”他连忙说：“是的是的，贵重物品。”我给他换了一个精致的木盒子。

他拿过那个盒子，左看右看，似乎是在测试它的舒适度，最后，他满意地朝我点了点头。接下来，他就从衣袋里掏出了所谓的“贵重物品”——居然是一颗红色的、压得扁扁的塑料心！只见他拔下气嘴上的塞子，挤净里面的空气，然后就憋足了气，一下子吹鼓了那颗心。

那颗心躺进盒子，大小正合适。

直到这时，我才彻底明白了这位先生要邮寄的乃是一颗充足了气的塑料心。

这使我不由得想起了古代那个砍断了竹竿子进城的蠢货。我强忍住笑说：“其实您大可不必这么隆重地邮寄您的物品，我来给您称一下这颗心的重量——喏，才 6.5 克，您把气放掉，装进牛皮纸信封里，寄个挂号不就行了吗？”

那位先生惊讶地（或者不如说是怜悯地）看着我，说：“你是真的不懂吗？我和我的恋人天各一方彼此忍受着难挨的相思之苦，

她需要我的声音，也需要我的气息。我送给她的礼物是一缕呼吸——一缕从我的胸腔里呼出的保真的气息。应该说，我寄的东西根本没有分量，这个6.5克重的塑料心和这个几百克重的木盒子，都不过是我的礼物的包装呀。”

听完这位先生的讲述，我的脸莫名地发起烧来。

心灵处方

爱是没有重量的，它或者是一个温柔的眼神，或者是一句关切的话语，或者是一抹清纯的笑意，再或者只是一缕呼吸。而这却是无价的，弥足珍贵的。

35. 盲女

见过她的人，都说她长得美。可惜她与丈夫都是盲人。但他们生活得很幸福，夫妻恩爱有加，心心相印，在无光的世界里寻找着人生的亮点。温馨的生活像一条透彻的小溪，在夫妻间静静地流淌。终于有一天，小溪泛起了微澜。

这天傍晚，丈夫像喝多了酒，进门便高声喊："我快要摆脱黑暗了，医生说我复明有望！"

盲女高兴极了，她动情地分享着丈夫的喜悦。"到那时，我会带你满世界游个够。"

盲女听着听着，脸上的喜悦渐渐消失了。

次日，她找到那位医生，落实丈夫所言。医生问："你希望丈夫复明吗?"盲女点点头。医生提醒说："据我所知，在众多盲夫妻中，若一方复明，极可能会抛弃对方。你是否想过这一点?"

盲女说："即使真的出现那种情况，我也无悔。只要他能够复明，我自己宁愿独守漆黑的世界。"

医生感叹不已，但又不得不告诉盲女，她的丈夫无丝毫复明的希望。当时由于怕伤其心，才未讲明实情。

盲女压根儿不愿接受这个现实。丈夫是个血性男儿，刚刚燃起的复明之火瞬间熄灭，他一定会绝望得发疯。她恳求医生永远向丈夫隐瞒实情，以慰藉他那颗渴望复明的心。

医生被盲女的诚心所动，答应了她的请求。这时，医生突然

发现盲女的瞳孔中有亮点闪动，这是复明的先兆。“啊，小姐的眼睛倒是复明有望。”医生检查后惊喜地告诉盲女，只要认真接受治疗，复明指日可待。

盲女喜出望外，兴奋得两手发抖，但她很快又冷静下来：自己一旦复明，不就会像别的女人一样，在大街上左顾右盼，用眼光亲吻满世界的俊男。自己能够抵挡得住诱惑吗？或许有一天，自己可能会背叛丈夫，成为他人之妻。把丈夫一个人留在无奈的漆黑世界里，岂不是太残酷、太无情了！

盲女回到家里，没有遵医嘱用药水点眼，也没有如约接受治疗。她让复明之火在时光的默默流逝中自行泯灭。

丈夫渴望复明，情绪一直处于亢奋状态中，他常向妻子描绘想象中的未来。盲女总是很认真地听，有时还与丈夫一起想象，一起描绘。他俩依恋如初，甜蜜依旧，在无光的意境中构筑着独特的俩人世界。

心灵处方

爱情是纯洁的，它不应有任何的诱惑与玷污，而抵抗这种诱惑的力量更显伟大，拥有如此力量的人，是爱情天使，在爱情面前纯洁专一得令人感动尊敬。

36. 看不见的爱

夏季的一个傍晚，天色很好。我出去散步，在一片空地上，看见一个10岁左右的小男孩和一位妇女。那孩子正用一只做得很粗糙的弹弓打一只立在地上、离他有七八米远的玻璃瓶。

那孩子有时能把弹丸打偏一米，而且忽高忽低。我便站在他身后不远，看他打那瓶子，因为我还没有见过打弹弓这么差的孩子。那位妇女坐在草地上，从一堆石子中捡起一颗，轻轻递到孩子手中，安详地微笑着。那孩子便把石子放在皮套里，打出去，然后再接过一颗。从那妇女的眼神中可以看出，她是那孩子的母亲。

那孩子很认真、屏住气，瞄很久，才打出一弹。但我站在旁边都可以看出他这一弹一定打不中，可是他还在不停地打。

我走上前去，对那母亲说：

"让我教他怎样打好吗？"

男孩停住了，但还是看着瓶子的方向。

他母亲对我笑了一笑。"谢谢，不用！"她顿了一下，望着那孩子，轻轻地说，"他看不见。"

我怔住了。

半晌，我喃喃地说："噢……对不起！但为什么？"

"别的孩子都这么玩儿。"

"呃……"我说，"可是他……怎么能打中呢？"

“我告诉他，总会打中的。”母亲平静地说，“关键是他做了没有。”

我沉默了。

过了很久，那男孩的频率逐渐慢了下来，他已经累了。

他母亲并没有说什么，还是很安详地捡着石子儿，微笑着，只是递的节奏也慢了下来。

我慢慢发现，这孩子打得很有规律，他打一弹，向一边移一点，打一弹，再移点，然后再慢慢移回来。

他只知道大致方向啊！

夜风轻轻袭来，蛐蛐在草丛中轻唱起来，天幕上已有了疏朗的星星。那由皮条发出的“噼啦”声和石子崩在地上的“砰砰”声仍在单调地重复着。对于那孩子来说，黑夜和白天并没有什么区别。

又过了很久，夜色笼罩下来，我已看不清那瓶子的轮廓了。

“看来今天他打不中了。”我想。犹豫了一下，对他们说声“再见”，便转身向回走去。

走出不远，身后传来一声清脆的瓶子的碎裂声。

心灵处方

母亲站在眼睛失明的孩子身边，看他打弹弓，并给予他源源不断的爱，而对于孩子来说，有爱的支持，没有什么是做不到的。

37. 同学们都戴着帽子

苏珊是个可爱的小女孩，当她念一年级的时候，医生发现她那小小的身体里面竟长了一个肿瘤，必须住院接受3个月的化学治疗。出院后，她显得更瘦小了，神情也不如往常那样活泼了。更可怕的是，原先她那一头美丽的金发，现在差不多都快掉光了。虽然她那蓬勃的生命力和渴望生活的信念足以与癌症——死神一争高低，她的聪明和好学也足以补上被落下的功课，然而，每天顶着一颗光秃秃的脑袋到学校去上课，对于她这样一个六七岁的小女孩来说，无疑是非常残酷的事情。

老师非常理解小苏珊的痛苦。在苏珊返校上课前，她热情而郑重地在班上宣布："从下星期一开始，我们要学习认识各种各样的帽子。所有同学都要戴着自己最喜欢的帽子到学校来，越新奇越好！"

星期一到了，离开学校3个月的苏珊第一次回到她所熟悉的教室，但是，她却站在教室门口迟迟没有进去，她担心，她犹豫，因为她戴了一顶帽子。

可是，使她感到意外的是，她的每一个同学都戴着帽子，和他们那五花八门的帽子比起来，她的帽子显得普普通通，几乎没有引起任何人的注意。一下子，她觉得自己和别人没有什么两样了，没有什么东西可以妨碍她与伙伴们自如地见面了。她轻松地笑了，笑得那样甜，笑得那样美。

日子就这样一天天过去了。现在，苏珊常常忘了自己还戴着一顶帽子，而同学们呢？似乎也忘了。

心灵处方

真挚而纯洁的爱，是一个无声而又诚恳的善良的小举动，生活因此美得如一幅画。

38. 哥哥的圣诞礼物

这一年的圣诞节，保罗的哥哥送给他一辆新车作为圣诞节礼物。圣诞节的前一天，保罗从他的办公室出来时，看到街上一名男孩在他闪亮的新车旁走来走去，触摸它，满脸羡慕的神情。

保罗饶有兴趣地看着这个小男孩，从他的衣着来看，他的家庭显然不属于自己这个阶层，就在这时，小男孩抬起头，问道："先生，这是你的车吗？"

"是啊，"保罗说，"我哥哥给我的圣诞节礼物。"

小男孩睁大了眼睛："你是说，这是你哥哥给你的，而你不用花一角钱？"

保罗点点头。小男孩说："哇！我希望……"

保罗认为他知道小男孩希望的是什么，有一个这样的哥哥。但小男孩说出的却是：

"我希望自己也能当这样的哥哥。"

保罗深受感动地看着这个男孩，然后他问："要不要坐我的新车去兜风？"

小男孩惊喜万分地答应了。

逛了一会儿之后，小男孩转身向保罗说："先生，能不能麻烦你把车开到我家前面？"

保罗微微一笑，他理解小男孩的想法：坐一辆大而漂亮的车子回家，在小朋友的面前是很神气的事。但他又想错了。

“麻烦你停在两个台阶那里，等我一下好吗?”

小男孩跳下车，三步两步跑上台阶，进入屋内，不一会儿他出来了，并带着一个显然是他弟弟的小孩，因患小儿麻痹症而跛着一只脚。他把弟弟安置在下边的台阶上，紧靠着坐下，然后指着保罗的车子说：

“看见了吗？就像我在楼上跟你讲的一样，很漂亮对不对？这是他哥哥送给他的圣诞礼物，他不用花一角钱！将来有一天我也要送你一部和这一样的车子，这样你就可以看到我一直跟你讲的橱窗里那些好看的圣诞节礼物了。”

保罗的眼睛湿润了，他走下车子，将小弟弟抱到车子前排座位上，他的哥哥眼睛里闪着喜悦的光芒，也爬了上来。于是三人开始了一次令人难忘的假日之旅。

在这个圣诞节，保罗明白了一个道理：给予真的比接受更令人快乐。

心灵处方

不是希望有这样一个哥哥，而是希望能像这个哥哥一样。这让我们明白，爱不是索取，不是占有，而是给予，是奉献。我们相信这个小男孩一定会成功，伟大的爱总会给人伟大的力量。

39. 生死情

郭老师高烧不退，经透视发现胸部有一个拳头大小的阴影，怀疑是肿瘤。

同事们纷纷去医院探视。回来的人说：有一个女的，叫王端，特地从北京赶到唐山来看郭老师，不知是郭老师的什么人。又有人说：那个叫王端的可真够意思，一天到晚守在郭老师的病床前，喂水喂药端便盆，看样子跟郭老师可不是一般关系呀。就这样，去医院探视的人几乎每天都能带来一些关于王端的花絮，不是说她头碰头给郭老师试体温，就是说她背着人默默流泪，更有人讲了一件令人不可思议的奇事，说郭老师和工端一人拿着一根筷子敲饭盒玩，工端敲几下，郭老师就敲几下，敲着敲着，两个人就神经兮兮地又哭又笑。心细的人还发现，对于王端和郭老师之间所发生的一切，郭老师爱人居然没有表现出一丝一毫的醋意。于是，就有人毫不掩饰地艳羡起郭老师的“齐人之福”来。

十几天后，郭老师的病得到了确诊，肿瘤的说法被排除。不久，郭老师就喜气洋洋地回来上班了。有人问起了王端的事。

郭老师说：“王端是我以前的邻居。”大地震的时候，王端被埋在了废墟下面，大块的楼板在上面一层层压着，王端在下面哭。邻居们找来木棒铁棍撬那楼板，可怎么也撬不动，就说等着用吊车吊吧。工端在下面哭得嗓子都哑了——她怕呀。她父母的尸体就在她的身边。天黑了，人们纷纷谣传大地要塌陷，于是就都抢着去占铁轨。只有我没动。我家就活着出来了我一个人，我把王端看成了可依靠的人，就像王端依靠我一样，我对着楼板的空隙冲下面喊：“王端，天黑了，我在上面跟你做伴，你不要怕呀……现在，咱俩一人找一块砖头，你在下面敲，我在上面敲，你敲几下，我就敲几下——好，开始吧。’她敲当当，我便也敲当当，她敲当当当，我便也敲当当当……渐渐地，下面的声音弱了，断了，我也迷迷瞪瞪地睡去。不知过了多长时间，下面的敲击声又突然响起，我慌忙捡起一块砖头，回应着那求救般的声音，王端颤颤地喊着我的名字，激动得哭起来。第二天，吊车来了，王端得救了——那一年，王端 11 岁，我 19 岁。”

女同事们鼻子有些酸，男同事们一声不吭地抽烟。还有比这更深厚的情谊吗？此情可托生死！还有比这更永恒的情谊吗？此情可与日月同在！因此我们为自己的庸俗想法而惭愧。

心灵处方

在这一份纯洁无瑕的生死情谊面前，人们为自己的庸俗而汗颜，一瞬间突然明了，原来生活本身比所有挖空心思的浪漫揣想都更迷人。

40. 逃生

凡是相濡以沫的夫妻，都会以生命去做自己的选择。

一对老夫妻回青岛老家探亲，途中遭遇了轮船底舱起火即将爆炸沉船的险情。面对船长毅然下达的穿上救生衣、跳至橡皮筏上逃生的命令，体弱多病的老头对老伴儿说："我有病在身跳不了船，你就不要管我了，赶快逃生吧。"老伴儿说："我一个人逃，就是活下来又有什么意思？我绝不能把你扔在船上，我就守着你，咱们要死就死在一起。"老头说："这怎么行？一辈子你跟着我没享多少福，到了这生死攸关的时候我不能拖累了你。"老伴儿说："没有你了我活着还有什么意思？跟着你无论是死是活那都是福。"

于是，这艘轮船上 120 多名乘客中唯一一对没有跳船的老夫妻，面对如潮的人们纷纷跳海逃生的情景，只手拉着手紧紧依偎着平静沉稳地迎接即将到来的不幸。也许是被他们忠贞不渝的感情感动了，一副终于寻到的软梯为他们搭就了一条通向生还的路，他们相扶着用相互给予的爱支撑着彼此，奇迹般地迈过了这道求生的门槛儿。事后，老头感激地说："如果没有老伴儿陪着我，我是无论如何都活不下来的，是老伴帮我捡回了这条老命。"老伴儿淡淡地说："这有什么！这可不是发扬什么风格，两口子就应该同甘共苦相依为命啊。"

心灵驿站

心灵处方

平平淡淡的生活中，生死相依的爱情似乎离我们很远，但轮船上这对老夫妻的故事，向人们演绎了爱情的真谛。

41. 粗心男人的爱情观念

男人非常爱他的老婆。但男人有些粗心，当察觉老婆移情别恋时，老婆已决心要嫁给别人，只等与他摊牌离婚了。

男人有点儿措手不及，想听听旁人的意见。

一起长大的那帮小兄弟得知此事全都愤愤不平。少年时代，男人是小兄弟中威信最高的一个。他们看着他恋爱、结婚，当初他们还嫌那黄毛小丫头配不上他呢，没料她现在反倒过来要蹬了他，这口气哪能咽得下。“离婚？有那么方便吗？这不便宜了她？”“这样的女人，要好好教训她！”“她竟敢背叛你，凭你的条件，也找个女人气气她。”

比起来大学同学，现在的同事要知书达理些，观念当然也新得多。他们公认他的老婆是个聪慧的丽人。“你要是真爱她，不妨成全她，她一定会在心里感激你，珍藏你们曾有的感情，说不定还会后悔与你分手。天涯何处无芳草，凭你的条件，好女孩招之即来。”……

他是个明白人。他知道前者是千年流传的老观念，但由着性子他真想这样做，做它个扬眉吐气；他知道后者是时下流行的新观念，以自己一贯的处事方式应该这样做，潇洒道一声再见，生活重新展开。那么他最后究竟是怎么做的呢？他没有教训她，他不忍；他也没有让她走，他不舍。

小兄弟们骂他缺少气概，他说是的是的；同学同事说他缺少

气度，他说是的是的。他觉得她在自己的心里面，没有东西可以替代，无论发生什么变故，也是如此。他将这番意思告诉她。她立刻决定留下来。留下来是因为她忽然懂得，这样的男人的爱也是无可替代的。后来他想，自己这回没按老观念也没按新观念行事，实在是因为真爱她。爱的观念，无新老之说，亘古不变。

心灵处方

敢于摆脱新老观念的束缚，自始至终地爱一个人需要勇气，特别是当对方移情别恋时。这种选择，充满了温暖和力量。

42. 搁置太久的玉米

他从乡间给她带来一袋玉米，她煮了一个来吃，饱满糯甜。他看到她那副沉醉的样子，笑了。

她对他最初的感动，是缘于他等待的耐心。因为晚自习，夜黑，她和他约好了在一个路灯口下见，然后一起走。

于是，很多个晚上，当她匆匆地赶在路上时，隔不远便可看见一个清瘦的男孩子静静地立在灯下——差不多每次都是他等她。

有一个晚上，不知为什么，她迟到了将近两个小时，最后急急地赶到那里时，满以为他走了。不料，他仍如往日一样在那里静静张望。

这一刹那，便成为她日后柔情涌动的回忆。

他一直很宠她。他的至诚让她相信：他们的爱是可以恒久的。

这一阵子，学区要举行教学比武大赛，她作为学校的代表之一，开始忙碌起来。

于是和他的见面少了，电话少了。他心疼她，老跟她说不要太累了。她心里甜蜜，却又急急地要结束对话。说好了，好了，要做事去了。

其实也不是真的忙得没有一点空隙。在空闲的时间里，也想着要见他，要跟他说话。转而又想：爱情握在手心，是这样的平实与温暖，飞不走的。

忙完之后，再去找他。却渐渐地发现了他的冷淡。

她开始不安地感觉到有一种美好正悄悄消逝。她的不安一天天地扩大，直到那天，他平静地说：分手吧。她拽住他的衣角，追问自己做错了什么，她可以改……他说没有谁错，然后轻轻挣脱。

她不明白曾经是那样一份令她放心的爱情。怎会说走就走呢。

一个人愣着睡不着。半夜经过厨房，蓦地想起冰箱里的玉米，他给她带来的。

她煮了一个来吃。玉米已是干瘪无味，全无先前的饱满糯甜，像是在无声地谴责她的遗忘。她忽然潸然泪下。她所忽视的恰是她珍爱的，她的爱情不正如这玉米一样被她搁置得太久？

心灵处方

有些东西，如这爱情，如这玉米，是根本不能被忽视、不能被搁置的。否则，将会失去它原有的美味。

43. 老夫人和鲜花

故事是一个守墓人亲身经历的。

一连好几年，这位守墓人每星期都收到一个不相识的妇人的来信，信里附着钞票，要他每周给她儿子的墓地放一束鲜花。

后来有一天，他们照面了。那天，一辆小车开来停在公墓大门口，司机匆匆来到守墓人的小屋，说："夫人在门口车上，她病得走不动，请你去一下。"

一位上了年纪的妇人坐在车上，表情有几分高贵，但眼神哀伤，毫无光彩。她怀抱着一大束鲜花。

"我就是亚当夫人。"她说，"这几年我每个礼拜给你寄钱……"

"买花。"守墓人答道。

"对，给我儿子。"

"我一次也没忘了放花，夫人。"

"今天我亲自来，"亚当夫人温存地说，"因为医生说我活不了几个礼拜。死了倒好，活着也没意思了。我只是想再看一眼我儿子，亲手来放一些花。"

守墓人眨巴着眼睛，苦笑了一下，决定再讲几句："我说，夫人，这几年您常寄钱来买花，我总觉得可惜。"

"可惜？"

"鲜花搁在那儿，几天就干了。没人闻，没人看，太可惜了！"

“你真的这么想的？”“是的，夫人，你别见怪。我是想起来自己常去的医院孤儿院，那儿的人可爱花了。他们爱看花，爱闻花。那儿都是活人，可这儿墓里哪个活着？”

老夫人没有作声。她只是小坐一会儿，默默地祷告了一阵，没留话便走了。守墓人后悔自己一番话太直率、太欠考虑，这会使她受不了。

可是几个月后，这位老妇人又忽然来访，把守墓人惊得目瞪口呆：她这回是自己开车来的。

“我把花都送给那儿的人们了。”她友好地向守墓人微笑着，“你说得对，他们看到花可高兴了，这真叫我快活！我的病好转了，医生不明白是怎么回事，可是我自己明白，我觉得活着还有些用处。”

施与受是一个铜板的两面。他们是同一个宇宙活力的不同展现。到最后，你提供给这个世界的也正是你所回收的。

你是否还记得我们小时候学过的黄金法则？它是这样说的；己所不欲，勿施于人。有什么其他方式可以说出这项神奇公式呢？咱们想想看，循环的事情会去而后返，你如何待人，人就如何待你。如果你说不出好话，就什么也别说。这条法则还有许多变奏，这是我们教孩子的第一课。

你可以决定自己要多么慷慨大方。你的确有能力可以提供他人赞美和帮助，服务他人，对他人仁慈一点。

如果你的善举没有立刻收到回报，请不要犯错，变得心烦意乱或挫折。宇宙有自己一套法则，以及自己的步调。请保持耐心和爱心。如果你信守黄金法则，你的生命早晚会充满你所渴望的一切。

心灵处方

生活的真谛并不神秘，幸福的源泉大家也知道，只是常常忘了。记住：活着，你真诚的爱是对别人最大的帮助，也是你获得快乐的途径。

44. 一杯水和几片面包

有一扇门，你轻易就能推开。

一位穷苦的学生为了凑足学费，到外地挨家挨户地推销商品。由于他一心一意想凑足学费而不想多花钱，于是他决定硬着头皮向人讨些食物。

他敲了一户人家的门，开门的是一个小女孩，他一看便失去了勇气，心想，天下哪有大男生跟小女孩讨东西吃的？于是他只要了一杯开水解渴。

小女孩看得出他非常饥饿，于是拿了一杯开水与几块面包给他。他很快把食物接过来，狼吞虎咽地吃着，一旁的她看到他这种吃法，不禁偷偷地笑着。

吃完后，他很感激地说："谢谢你，我应该给你多少钱？"

她傻傻地笑着说："不必啦，这些食物我们家很多。"

他觉得自己很幸运，在陌生的地方还能受到他人如此温馨的照料。

多年以后，小女孩感染了罕见的疾病，许多医生都束手无策。女孩的家人听说有一个医生的医术高明，找他看看或许有治愈的机会，便赶紧带她去接受治疗。就在医生的全力医治和长期的护理下，小女孩终于恢复了往日的健康。

出院那天，护士交给她医疗费用账单，她几乎没有勇气打开来看，心中知道可能要一辈子辛苦工作，才还得起这笔医疗费。

最后她还是打开了，看到签名栏写了以下这段话：

“一杯开水与几块面包，足够偿还所有的医疗费。”

她眼里含着泪水，终于明白，原来主治医生就是当年那个穷学生。

心灵处方

善良的人面对饥寒交迫的人不会吝啬一杯水和几片面包，因为她知道这对他们是多么重要。也因此，善良的人总是会得到最好的报答。

45. 看不见说不出的爱

有这样一个故事：

像往常一样，中午午餐，叶络又去了那家小吃店，要了一碗面条。刚吃了几口，这时进来一对中年夫妇，男的有一只眼睛看不见了，身后背着一把二胡；女的是个盲人，在男的搀扶下，摸索着坐到叶络对面的椅子上。

大概是个卖艺的吧，叶络想。

“大碗豆花米粉，两份。”男的将二胡靠在墙角。

刚坐下来，男的又起身去拿筷子，顺便付了钱，又向店员说了几句什么。

一会儿，米粉上来了，却是一大一小两碗。男的仔细地将豆花米粉弄碎、拌匀，然后将大碗递给女的。

女的吃了两口问：

“你呢?”

“我也是豆花米粉，大碗的，足够了。”

叶络有些吃惊——

“这种不是大碗的。”坐在叶络旁边的一个小孩忽然说。他一定以为，这个叔叔弄错了，却付了大碗的钱。

中年男子并没有抬头，继续低头吃着。

“叔叔，你吃的这种不是大碗的。”小男孩以为他没听见，重

复道。

中年男子慌忙抬头，冲男孩摆摆手。

“多嘴！”小男孩的母亲厉声呵斥。

“本来就是嘛。”男孩一脸委屈。

正吃米粉的女人停了下来，侧着头仔细辨别声音的方向，她的脸轻轻地抽搐了一下。

吃完米粉，他们搀扶着走出了小吃店。

叶络被这一对盲人夫妇感动了，默默地走在他们后面。

“今天吃得真饱。”男的说。

女的沉默了一会儿——

“你不要骗我了，你吃的是小碗，你一直瞒着我。”女的失声哭了起来。

“我不饿，真的不饿，你……你别这样，路人看了多不好……”男的有些手足无措，扯起衣袖为妻子擦泪。

叶络看着他们，泪水溢满了眼睛。

再看下面这个故事：

他是个哑巴，虽然能听懂别人的话，却说不出自己的感受。她是他的邻居，一个和外婆相依为命的女孩，她一直喊他哥哥。

他真像个哥哥，带她上学，伴她玩耍，含笑听她叽叽喳喳讲话。他只能用手势和她交谈，可她能读懂他的每一个眼神。从哥哥注视她的目光里，她知道他有多么喜欢自己。

后来，她考上了大学，他便开始拼命地挣钱，然后源源不断地寄给她。她从没拒绝。终于，她毕业了，参加了工作。然后，她坚定地对他说："哥哥，我要嫁给你!"

他像只受惊的兔子逃掉了，再也不肯见她，无论她怎样哀求。她这样说："你以为我同情你吗？想报答你吗？不是，从 12 岁我就爱上你了。"可是，她还得不到他的回答。

有一天，她突然住进了医院。他吓坏了，跑去看她。医生说，她喉咙里长了一个瘤，虽然切除了，却破坏了声带，可能再也讲不了话了。病床上，她泪眼婆娑地注视着他。

于是，他们结婚了。很多年以后，没有人听他们讲过一句话。他们用手、用笔、用眼神交谈，分享喜悦和悲伤。他们成了相恋男女羡慕的对象。人们说，那是一对多么幸福的哑夫妻啊！

爱情阻挡不了死神的降临，他撇下她一个人先走了。人们怕她经受不住失去爱侣的打击来安慰她。这时，她收回注视他遗像的呆痴目光，突然开口讲话："爱人已去，谎言也该揭穿了。"

人们惊讶之余，都感叹不止，这是一份多么执著的、深厚的、像童话一样的爱呀！从此，她不再讲话，不久也离开了人世。恋爱中的男女仍会拿他们当作谈论的话题，他们常说，你听过那对哑夫妻的故事吗？

心灵处方

爱人是没有模式的。因为你爱的不是他或她的某几种品质或是某几项优点，而他或她整个人的全部，包括所有的缺点和毛病。纵使她的眼睛看不见，纵使他的嘴巴不能说话，那又有什么重要呢？因为哪里有爱，哪里就是天堂啊！

46. 比个头

小时候，儿子常缠着人高马大的父亲比个子，儿子朝父亲眼前一站，头顶还不到父亲的肚脐高。父亲就笑他，说：“这不是明摆着嘛，你还是个小不点呢!”

儿子歪着脑袋说：“哼，总有一天，我会超过你!”

后来，儿子上初中了，又上高中了，再后来工作了，又当干部了，个子就像春天的秧苗哧哧地长，渐渐地赶上了父亲，又超过了父亲。父亲心中欣喜不已！没事时，父子俩常在一起比个子，不过每次比个子都是由父亲主动发起的。

“来，看比你爸又高出了多少?”

父亲朝人高马大的儿子跟前一站，秃顶正好被儿子的肩膀“没收”，儿子就笑：“咱俩不成了高尔基（低）啦!”

父亲开始驼背了，晚年驼得更厉害，远远地看，整个身子像弓！然而，没有“自知之明”的父亲，却偏偏爱穿儿子的旧衣裳。他穿儿子衣裳的样子很不雅：前面拖得老长，后面吊得老高，比赵本山扮演的老太婆还要滑稽！最有意思的是，每次儿子回家，他还是死拉硬拽地要和儿子比个子。

儿子逐渐地读懂了父亲的心思。父亲和自己比个子是假，他是想以自己的“矮”来衬托儿子的“高”，因为儿子在他的心目中，是神，是鹰，是希望，是寄托！只要能看见儿子长成参天大树，即使化成树根旁的一片枯叶、一摊黄泥，父亲也愿意！

有一天，父亲又要和儿子比个子。

儿子说：“爸，别比了……”

父亲说：“怎么不比了呢？是嫌爸不配和你比？”

“不，不是这个意思。”儿子的眼眶里浸满了泪水，说，“青出于蓝而胜于蓝嘛！就像弓和弦一样，您的个子是弓，儿的个子是弦，弓总比弦长啊！”

“唔，弓比弦长………”父亲把儿子的话衔在嘴里，嚼了又嚼，觉得有点咸，更有点甜。

父爱如山，这种爱为我们遮风雨，挡寒冷，倍加小心地呵护着我们的生命，直到他自己背驼了，腰弯了。此爱此情，我们毕生都无以为报。让我们再来看下面这个故事。

一天，生活在山上的部落突然对生活在山下的部落发动了侵略，他们不仅抢夺了山下部落的大级财物，还绑架了一户人家的婴儿。并把他带回到山上。

可是山下部落的人们不知道怎样才能爬到山上去。他们既不知道山上部落平时走的山道在哪里，也不知道到哪里去寻找山上部落，甚至不知道如何去发现他们留下的踪迹。

尽管如此，他们还是派出了他们部落中最优秀、最勇敢的战士，希望他们能够爬到山上去，找回孩子。

他们尝试了一个又一个的方法，搜寻了一个又一个可能是山上部落留下的踪迹。尽管他们用尽了所有他们能想到的办法，但几天的艰苦努力也不过才前进了几百英尺。他们感到他们的一切努力都是无用的，没有希望的，他们决定放弃搜寻，返回山下的村庄。

正当他们收拾好所有登山工具准备返回时，他们却看到被绑架孩子的母亲正向他们走来，而且是从山上往下走。他们简直无法想象她是怎么爬上山的。

待孩子的母亲走近后，他们才看清她的背上用皮带绑着那个他们一直在寻找的孩子。哦，真是不可思议，她是怎么找到孩子的？这群部落中最优秀、最勇敢的战士都迷惑不解。

其中一个人问孩子的母亲：“我们是部落中最强壮的男人了，我们都不能爬到那么高的山上去，而你为什么能爬上去并且找回孩子呢？”

孩子的母亲平静地答道：“因为那不是你们的孩子！”

心灵处方

父母之爱是平凡而又伟大的。在父母眼里，我们永远是孩子，他们的爱犹如春雨一直滋润我们成长，无论在何时何地，父母之爱都无处不在。此爱是守护我们生命的永远不落的太阳，给我们温暖和能量。

47. 爱情木头

晴是我的一个女朋友。她恋爱时，很少有快乐的时光。每次坐在一起聊天，她就会向我抱怨自己的男友是一个不懂一点浪漫的木头。她经常忍不住发生质疑：他对我的爱，到底在哪里。后来她遇见了一位把口哨吹得很响亮，情话说得很动听的男孩。他们在一次周末舞会上相识。没有男伴的女友一个人坐在角落里充当壁花，神情有些尴尬。

这时，他出现了。一双黑亮得几乎深邃的眼睛看着她，伸出手邀请她跳第一支舞曲。他的热情和风度容不得她有半点的抗拒。“你知道吗？他当时的样子真是潇洒极了。是我梦中白马王子的形象。”

“他会在春天的夜晚，爬过几米高的围墙为我偷来隔壁花园里的玫瑰花。周末时，请我出去吃大餐，跑了几条街，买回那件被我相中的棉布长裙。他……”

“那你的现任男朋友怎么办?”她还想说下去，我却忙不迭地用话打断。

那次谈话，我们不欢而散。我见过她的男友，是一个非常憨厚诚恳的男人。

凭一个女孩敏锐的直觉，这样的男子是值得托付终身幸福的。我不想看到自己的女友为了几朵玫瑰而放弃整个春天，或者只因为一场动人的舞会而任意放逐手心里已经把握住的幸福。再见她，已是一年之后的春天，阳光很明媚。她是来给我送喜帖的。

没敢问她，新郎是谁，因为不想听见那个预知的结果从她口中说出来，破坏了这春日午后和谐美好的气氛。

但最后告别之前，还是忍不住问了她："他怎么办？"

"木头？"女友的眸子里盛满了笑意，仿佛是早已猜到我会这么问似的。

"嗯。"我窃窃地应答，还是掩饰不住语气里的一丝担心。

"他就是我明天要嫁的那个人。"

"什么？"因为吃惊，我的声音提得很高。

答案的确出乎我的意料。

"那是去年冬天的事儿了。"

晴啜了一口杯中的绿茶，晶莹的玻璃杯中绿色的茶叶被轻轻荡起，然后又慢慢沉入杯底。

她开始给我讲他们的故事：

"那段时间我一直在考虑怎么和他提出分手。好几次，话到嘴边又咽了回去，一看到他眼中真诚关切的目光我就不忍心打击他。

因为每天和当时的那个他出去约会，都会玩得很晚。在到达我的住所前一定会经过他的房间。那天我回去时，已经很晚了，天正在下雪。快入冬了，天气非常寒冷。

我裹紧大衣，走过他屋前时，发现门是虚掩着的。平日里匆忙来去都没有注意什么，只是那天真的已经很晚了，别人的房间门都是紧闭着，漆黑一片的。

只有他的房间，透过虚掩的门缝还投射出些许温暖的灯光，照亮了我脚下的路。一段本来漆黑孤独的路，因为有了一丝微弱烛光的照耀而变得格外温馨。于是，寒冷被驱散了。

而且我可以猜到的是，每次他都是这么等我回来的。每次直到看着我平安回来，才肯放心熄灯睡下。刚才就在我回眸的一瞬间，他才慌忙把门掩上了。而我和别人的每次约会，他都是这么无声地等我回来的。

第二天我做的第一件事就是和那个男孩提出分手。他难以置信地看着我，不发一言。

但我很坚定，告诉他，我已经找到一辈子要爱的那个人。”

温暖的阳光穿过茂密的绿叶，照进来。晴的眼角闪动着幸福的泪花。

心灵处方

真正的爱不是甜言，不是蜜语。有时，它仅仅是深夜里等你归来的一盏灯，是为你虚掩的一扇门！在你到处寻觅爱的时候，也许真爱离你并不远，只是需要你认真感知，仔细聆听。

48. 幸福童话

安徒生有一则童话叫《老头子总是不会错》。看后印象深刻，多有感悟。

故事并不复杂：

一对清贫的老夫妇想把家中唯一值点钱的一匹马拉到市场上去换点更有用的东西。

老头子牵着马去赶集了，他先与人换得一头母牛，又用母牛去换了一头羊，再用羊换来一只鹅，又由鹅换了母鸡，最后用母鸡换了别人的一大袋子烂苹果。每一次交换，他都想着要给老伴一个惊喜。

当他扛着大袋子来到一家小酒店歇气时，遇上两个英国人。

闲聊中他谈到自己赶场的经过，两个英国人听了哈哈大笑，说他回去准得挨老婆子一顿臭骂。老头子坚称绝对不会，英国人就用一袋金币打赌，说如果他回家竟未受老伴任何责罚，金币就算输给他了。三人于是一起回到老头子家中。

老太婆见老头子回来了，非常高兴，又是给他拧毛巾擦脸又是端水解渴。

老头子讲赶集的经过，毫不隐瞒。每听老头子讲用一种东西换另一种东西时，她总是十分激动地予以肯定。“哦，我们有牛奶了”“羊奶也同样好喝”“哦，鹅毛多漂亮!”“哦，我们有鸡蛋吃了!”最后听到老头子背回一袋已开始腐烂的苹果时，她同样不愠不恼，大声说："我们今晚就可以吃到苹果馅饼了！"说完搂着老头子，深情地吻他的额头……

其结果不用说，英国人输掉了一百多枚金币。

心灵处方

夫妻间最重要的基础是宽容、尊重、信任和真诚。即使对方做错了什么，只要心是真诚的，就应该重过程重动机而轻结果，这样才能有家庭的和睦。夫妻恩爱、宽容是善待婚姻的最好的方式，充分理解对方的行事做法，不苛求不责怨，如此必然给对方以爱的源泉，婚姻一定如童话般妙趣横生，和美幸福。

49. 没有说过"我爱你"

有一次，我问父亲，与母亲生活了这么多年，是否向母亲说过"我爱你"之类的话。

父亲笑笑，沉默了一会儿，十分肯定地说："没有。"

"为什么不说呢？"我们的生活是多么需要这样一句话呀！

"这话太肉麻，不好说出口，其实生活中有些东西藏在心里便是一种真实，一种深刻，说出来反而淡了，比如一生一世的爱情。"说到这里，父亲习惯性地拿出一根烟，点上，深深地吸了一口。母亲正好经过，不由分说从父亲手里夺过那根烟，骂道："医生说过许多次了，要想多活几年，就别抽那么多烟，你总是不听。"父亲颇有些自豪地看着我，幸福而安详地对我说："看见了吗？爱，这就是了。"

总有一天，我们都能从自己的生命体验中懂得什么是真正的爱情，或许它远没有书中编织的那般绚丽和完美，但却是真实而可靠的！就像我的父母亲，他们这一辈子都没有抒写过爱情的诗句，但是他们却在柴米油盐酱醋茶的困扰中，在为子女的日夜操劳中，找到了维系他们爱情最坚实的感情线。

要知道，一菜一饭里有着天长地久的爱情呀！

心灵处方

什么是爱情，也许会因人而异有不同的诠释，但有一种爱是溶解在平凡生活中的每一个细节中的，它朴素长久并且美丽。

50. 无法超越的爱

他曾深爱过我，可我最终却离他而去。

我婚后生活得很幸福，丈夫一开始便对我的喜好了如指掌，明白我的心思，这让我更加爱他，最终也因他这样善解人意而嫁给了他。

我逐渐淡忘了那个男孩，沉浸在自己幸福美满的生活里。

如果不是那次车祸，我也许再也不会想起他。当丈夫带我去看望他时，他已不成人样，头上缠着厚厚的绷带，已气息奄奄。当他看见我时，眼睛猛地一亮，失血的脸上露出了笑容，而我却忍不住想哭。

那晚，他走了，走得那样匆忙，匆忙得没有来得及说一句话。

那晚，丈夫异常沉痛，一直沉默着。

丈夫一支接一支地抽烟，火星在夜色里一闪一闪。丈夫对我说，这个世界上有一个男人对你的爱是谁也无法超越的。我愣住了，不知丈夫怎么突然说出这话。是在说他吗？我当然知道他依然在爱着我，可他早已从我的生活里退出了呀！

丈夫掐灭烟头说，如果不是他，也许我们还要走一段很坎坷的路。当我得知在我拒绝他后，他曾找过我丈夫，告诉他我的喜好，叮嘱他要好好地爱我时，我泪如雨下。我不知道我的幸福生活后面一直有一双默默祝福的眼睛。

心灵处方

有一种爱情，是人生的一次雨季，走进了会湿透整个记忆，它的纯洁却又能温暖我们一生。此爱将同日月的光辉一样永存世间。

第二章

风雨人生　守候阳光

1. 黎明的前夜

有一个女孩对足球十分痴迷，一个偶然机会，她被父亲送到了体校学踢足球。

在体校女孩并不是一个很出色的球员，因为此前她并没有受过规范的训练，踢球的动作、感觉都比不上先入校的队友。女孩上场训练踢球时常常受到队友们的奚落，说她是“野路子”球员，女孩为此情绪一度很低落。每个队员踢足球的目标就是进职业队打上主力。这时，职业队也经常去体校挑选后备力量，每次选人，女孩都卖力地踢球，然而终场哨响，女孩总是没有被选中，而她的队友已经有不少陆续进了职业队，没选中的也有人悄悄离队。于是，平时训练最刻苦认真的女孩便去找一直对她赞赏有加的教练，教练总是很委婉地说：“名额不够，下一次就是你。”天真的女孩似乎看到了希望，树立了信心，又努力地接着练了下去。但水平发挥不出来，她为自己在足球道路上暗淡的前程感到迷茫，就有了离开体校的打算。

这天，她没有参加训练，而是告诉教练说：“看来我不适合踢足球了，我想读书，想考大学。”教练见女孩去意已决，默默地看着她，什么也没说。然而，第二天女孩却收到了职业队的录取通知书。她激动不已地立马前去报了到。其实，她骨子里还是喜欢着足球。女孩这次很高兴地跑去找教练了，她发现教练的眼中同她一样闪烁着喜悦的光芒。教练这次开口说话了："孩子，以前我总说下一次就是你，其实那句话不是真的，我是不想打击你而告诉你说你的球艺还不精，我是希望你一直努力下去啊！"女孩一下子什么都明白了。

在职业队受到良好系统实战训练后女孩充满信心，她很快便脱颖而出。她就是获得20世纪世界最佳女子足球运动员的我国球星孙雯。

后来，孙雯讲述这段往事时，感慨地说："一个人在人生低谷中徘徊，感觉自己支持不下去的时候，其实就是黎明的前夜，只要你坚持一下，再坚持一下，前面肯定是一道亮丽的彩虹。"

心灵处方

"下一次就是你"，不仅给了人希望，还说明了我们在某些方面还有缺陷，仍需努力付出。在黎明前的最黑暗的时刻里告诉自己：不要放弃，再坚持一下。那么，下一次见到彩虹的可能就是你。因为阳光的温暖不会放弃任何一个微弱的生命！

2. 追逐梦想的力量

世界冠军摩拉里的成长过程，就是一个积极心态助人成长的过程。早在少不更事守着电视看奥运比赛的年纪，他的心中就充满了梦想，梦想着即将到来的鏖战时刻。

1984 年的洛杉矶奥运会前夕，摩拉里已经有幸跻身于最优秀的参赛运动员之列。令人遗憾的是，在赛场上，他发挥欠佳，只获得一枚银牌，与冠军擦肩而过。他没有灰心丧气，从光荣的梦想中退出之后，他把目标瞄准了 1988 年的韩国汉城奥运会。

这一次，他的梦想在奥运预选赛上就告破灭，他被淘汰了。跟大多数受挫情况下人们的反应一样，他变得沮丧，把体育的梦想深埋心中，有 3 年的时间，他很少游泳，那成了他心中永远的痛。

在摩拉里的心中，自始至终有股燃烧的烈焰，没法子完全把它扑灭。离 1992 年夏季奥运会还不到一年的时间了，他决定再次来个孤注一掷。在属于年轻人的游泳赛事中，30 多岁的人就算是高龄了，摩拉里久已脱离体育运动，再去百米蝶泳的比赛中与那些优秀的选手们拼搏，简直就像是拿着枪矛戳风车的唐·吉珂德一样的不自量力。

在预赛中，他的成绩比世界纪录慢一秒多，因此，在决赛中他必须付出更多的努力，他努力地为自己增压打气。在游泳池中，他的速度果然是不可思议的快，超过其他的竞赛者而一路遥遥领先，他不仅夺得了冠军，也破了世界纪录。

一个人的内心中蕴藏着无穷无尽的力量，若是自甘埋没，对身边的一切事情都作低调处理：以为这是我不热衷的，那是我不擅长的。为了避免失败和遇挫的尴尬，有意识地放弃一些难得的机会，虽然表面上看来是最大程度地保全了面子，没有出乖露丑，但事实上却是在最大程度地埋没了自己的才能。只有敢于挺身而出，对任何的挫折和磨难都不在乎，心中所有的意念只浓缩到一点，我要争强竞胜，我要发挥出我全部的力量和智慧，唯有在这种心态的导引下，才能屡败而屡战，屡战而屡胜。

心灵处方

每个人都会遭遇失败风雨的侵袭，重要的是你要有坚定的信念，不停下追逐人生目标的脚步，梦想最终都能实现。

3. 最矮的球员

我喜欢看NBA的夏洛特黄峰队打球，特别喜欢看1号博格斯(Bogues)上场打球。

博格斯的身高只有160厘米，即使在东方人里也算矮子，更不用说是在两米都嫌矮的NBA了。

据说博格斯不仅是现在NBA里最矮的球员，也是NBA有史以来创纪录的矮子，但这个矮子可不容易，他曾是NBA表现最杰出、失误最少的后卫之一，不仅控球一流，远投精准，甚至在高人阵中带球上篮也毫无所惧。

每次看博格斯像一支小黄蜂一样，满场飞奔，心里总忍不住赞叹，我想他不只安慰了天下身材矮小而酷爱篮球者的心灵，也鼓舞了平凡人内在的意志。

博格斯是不是天生的好手呢？当然不是，而是意志与苦练的结果。

有一次，他接受记者的访问，谈到自己走入NBA的心路历程。

博格斯从小就长得特别矮小，但却非常热爱篮球，几乎天天都和同伴在篮球场上斗牛，当时他就梦想有一天可以去打NBA，因为NBA的球员不只待遇奇高，也享有风光的社会评价，是所有爱打篮球的美国少年最向往的梦。

每次博格斯告诉他的同伴："我长大后要去打NBA。"

所有听到的人都忍不住哈哈大笑，甚至有人笑倒在地上，因为他们“认定”一个160厘米的矮子是绝无可能打NBA的。

他们的嘲笑并没有阻断博格斯的志向。他用比一般人多几倍的时间练球，终于成为全能的篮球运动员，也成为最佳的控球后卫。他充分利用自己矮小的“优势”，行动灵活迅速，像一颗子弹一样，运球的重心最低，不会失误；个子小不引人注意，抄球常常得手。

现在博格斯成为有名的球星了，他说：“从前听说我要进NBA而笑倒在地上的同伴，他们现在常炫耀地对人说：‘我小时候是和黄蜂队的博格斯一起打球的’。”

博格斯使我想起了盘山禅师的故事。

盘山宝积禅师有一天路过市场，偶然听到顾客与屠夫的对话，顾客对屠夫说：“精的割一斤来。”（给我割一斤好肉。）

屠夫听了，放下屠刀反问：“哪个不是精的？”（哪一块不是好肉呢？）

顾客怔在当场，在一边的盘山禅师却开悟了。

在人生里，我们往往用自己的主观见解来判定事物的价值，但事物哪有绝对的价值呢？在NBA里，我们都觉只有两米高的人才能去打球，但一米六的人又怎么不能立志呢？

博格斯不怕人笑，所以创造了自己的奇迹。天生我才必有用，哪一块不是好肉？哪一个人不是最有价值的人呢？

心灵处方

只要我们足够的理由喜爱一项事业，那么就有足够的理同获得成功。有时候也许我们先天并没有优势可言，但坚定的追求和超乎常人的付出都将成为可贵的优势。

4. 鹅卵石的奥妙

有天晚上，一群游牧民族正想扎营休息时，忽然被一束强光所笼罩。他们知道神要出现了。带着热切的期待，他们等待着来自上天的重要讯息。

最后，神的声音说话了：“尽力收集鹅卵石。把它们放在你们的鞍袋里。再旅行一天，明晚你们会感到快乐，同时也会感到愧悔。”

神离开后，这些游牧民族都感到失望与愤怒。他们期待的是伟大宇宙真理的揭秘，使他们足以因此创造财富、健康或其他世俗的目的。但相反的他们却被吩咐去做这件卑贱而无意义的事。但无论如何，来访的亮光仍促使他们各自拣拾了一些鹅卵石，放在他们的鞍袋里，虽然他们并不怎么高兴。

他们又走了一天路，当夜晚来临，开始扎营时，他们发现鞍袋里的每一颗鹅卵石都变成了钻石。他们因得到钻石而高兴极了，却也因没有收集更多的鹅卵石而愧悔。

我在早期从事教学时曾有一个学生，名叫阿伦，印证了这则传奇的真理。

阿伦念8年级，在被退学的边缘摇摆，擅长制造麻烦。他专门欺凌弱小，更是个偷窃高手。

每天我都会叫我的学生背一则伟大思想家的格言。在我点名时，我会用一则格言来点名，学生必须说完这则格言才能算到席

上课。

“艾丽丝·亚当斯——没有所谓失败，除非……”

“你不再尝试。我来了，许拉特先生。”

所以，在这年结束时，我的年轻学生已经背了 150 则伟大的思想格言。

“认为你能，或认为你不能——总有一个对。”

“如果你看到了障碍物，你的眼睛就已远离了目标。”

“所谓犬儒学派，就是指那些知道每一件东西的价格而不懂它们的价值的人。”

当然，还有拿破仑·奚尔斯的：“如果你能想到它，相信它，你就能达到它。”

没有人比阿伦更爱抱怨这个每日的例行作业——直到他被退了学。我有 5 年没看到他，但有一天，他打电话给我。他假释出狱后，在附近的某一所学院修习一门专业技术的课程。

他告诉我，在他被送进少年法庭后，后被转到加州青少年法院监狱服刑，他变得对自己非常绝望，拿了一把刮胡刀试图割腕自杀。

他说：“你知道，许拉特先生，当我躺在那儿，生命一滴一滴地流失时，我忽然想到有一天你叫我写 20 次的那句无聊格言：‘没有所谓失败，除非你不再尝试。’忽然它对我起了作用。只要我活着，我就不算失败，但如果我让自己死掉，我绝对是个失败的死人。所以我用仅余的力气求救，开始了新生活。”

在他听到这句格言时，它是鹅卵石。当他身处危机需要指引的那一刻，它变成了钻石。所以我想对你说，尽量收集鹅卵石，你就可以期待一个充满钻石的未来。

心灵处方

生命中的鹅卵石普通得让我们总是不愿意多捡几颗，但是鹅卵石的奥妙就在，要不了多长时间，那些普通的鹅卵石就会变成珍贵美丽的钻石。

5.101 岁成名的画家

我认识哈里·莱伯曼先生的时候，他已经是一位百岁老人了。

那一天，天气又热又闷，就连不见阳光的阴凉处也达到 40℃ 的高温。来到他在长岛的住处，我还以为这位老画家一定坐在舒适的空调室里等我。然而出乎我的意料，他正在树阴下专心致志地绘制一幅油画。他告诉我，他刚刚同一个日历出版商签订一项七年的合同，画架上的作品即是其中之一。

老人身材瘦长，脸上皱纹已深，下巴留着一撮胡须，头发花白，但却精神焕发，衣着也很讲究，看上去最多不过 80 岁。80 岁！这正是他开始学习作画时的年纪。

莱伯曼是在一年前老人俱乐部里和绘画结下缘分的。那时，老人歇业已有六年。他常到城里的俱乐部去下棋，以此消磨时间。一天，女办事员告诉他，往常那位棋友因身体不适，不能前来作陪。看到老人的失望神情，这位热情的办事员就建议他到画室去转一圈，还可以试画几下。

“您说什么，让我作画?”老人哈哈大笑，“我从来没有摸过画笔。”

“那不要紧，试试看嘛！说不定你会觉得很有意思呢。”

在女办事员的坚持下，莱伯曼来到了画室，平生第一次摆弄起画笔和颜料，但他很快就入迷了，周围的人也都认为这位 80 岁的老翁简直就是一个天生的画家。81 岁那年，老人去听绘画课，开始学习绘画知识。

1977年11月，洛杉矶一家颇有名望的艺术陈列馆举办了其第X届展览，题为：哈里·莱伯曼101岁画展。这位百岁老人笔直地站在人口处，迎接参加开幕仪式的四百多名来宾，其中有不少收藏家、评论家和新闻记者。作品中表现出来的活力赢得许多参观者的赞赏。

老人说道："我不说我有101岁的年纪，而是说有101年的成熟。我要向那些到了60、70、80或90岁就自认上了年纪的人表明，这还不是生活暮年。不要总去想还能活几年，而要想还能做些什么。着手干些事，这才是生活！"

心灵处方

在101岁成为一个著名画家确实有许多偶然的成分，但生命的质量以你所做的事情而不是以你所度过的光阴来衡量，这确是必然。让我们记住他的话：不要去想还能活几年，而要想还能做什么，这才是真正意义上的生活。

6. 妙龄少女的第一份工作

现今，日本国民中广为传颂着一个动人的小故事：许多年前，一个妙龄少女来到东京帝国酒店当服务员。这是她涉世之初的第一份工作，也就是说她将在这里正式步入社会，迈出她人生第一步。因此她很激动，暗下决心：一定要好好干！她想不到：上司安排她洗厕所！

洗厕所！实话实说没人爱干，何况她从未干过粗重的活儿，细皮嫩肉，喜爱洁净，干得了吗？洗厕所时在视觉上、嗅觉上以及体力上都会使她难以承受，心理暗示的作用更是使她忍受不了。当她用自己白皙细嫩的手拿着抹布伸向马桶时，胃里立马“造反”，翻江倒海，恶心得几乎呕吐却又吐不出来，太难受了。而上司对她的工作质量要求特高，高得骇人：必须把马桶抹洗得光洁如新！

她当然明白“光洁如新”的含义是什么，她当然更知道自己不适应洗厕所这一工作，真的难以实现“光洁如新”这一高标准的质量要求。因此，她陷入困惑、苦恼之中，也哭过鼻子。这时，她面临着这人生第一步怎样走下去的抉择：是继续干下去，还是另谋职业？继续干下去——太难了！另谋职业——知难而退？人生之路岂有退堂鼓可打？她不甘心就这样败下阵来，因为她想起了自己初来时曾下过的决心：人生第一步一定要走好，马虎不得！

正在此关键时刻，同单位一位前辈及时地出现在她面前，他帮她摆脱了困惑、苦恼，帮她迈好这人生第一步，更重要的是帮她认清了人生路应该如何走。但他并没有用空洞理论去说教，只是亲自做个样子给她看了一遍。

首先，他一遍遍地抹洗着马桶，直到抹洗得光洁如新；然后，他从马桶里盛了一杯水，一饮而尽喝了下去！竟然毫不勉强。实际行动胜过万语千言，他不用一言一语就告诉了少女一个极为朴素、极为简单的真理：光洁如新，要点在于“新”，新则不脏，因为不会有人认为新马桶脏，也因为背后马桶中的水是不脏的，是可以喝的；反过来讲，只有马桶中的水达到可以喝的洁净程序，才算是把马桶抹洗得“光洁如新”了，而这一点已被证明可以办得到。

同时，他送给她一个含蓄的、富有深意的微笑，送给她一束关注的、鼓励的目光。这已经够用了，因为她早已激动得几乎不能自持，从身体到灵魂都在震颤。她目瞪口呆，热泪盈眶，恍然大悟，如梦初醒！她痛下决心：

“就算一生洗厕所，也要做一名洗厕所最出色的人！”

从此，她成为一个全新的、振奋的人；从此，她的工作质量也达到了那位前辈的高水平，当然她也多次喝过厕水，为了检验自己的自信心，为了证实自己的工作质量，也为了强化自己的敬业心；从此，她很漂亮地迈好了人生第一步；从此，她踏上了成功之路，开始了她的不断走向成功的人生历程。

几十年光阴一瞬而过，如今她已是日本政府的主要官员——邮政大臣。她的名字叫野田圣子。

野田圣子坚定不移的人生信念，表现为她强烈的敬业心：“就算一生洗厕所，也要做一名洗厕所最出色的人。”这一点就是她成功的并不神秘的奥秘之所在；这一点使她几十年来一直奋进在成功路上；这一点使她拥有了成功的人生，使她成为幸运的成功者、

成功的幸运者。

孟子说过："故天将降大任于斯人也，必先苦其心志，劳其筋骨……"这话看来真对！古往今来的无数事例都证实了这一规律。

心灵处方

我们会抱怨上帝的不公平、会怨恨上司的苛刻，所以我们不停地换工作，不停地"炒"掉老板，结果，仍不如人意。殊不知，我们所缺的正是这一流的敬业精神：把厕所洗得光洁如新。

7．退学为创业

男孩子的父母希望自己的儿子能成为一位体面的医生。可是男孩读到高中便被计算机迷住了，整天鼓捣着一台现在十分落后的苹果机，他把计算机的主板拆下又装上。

男孩的父母很伤心，告诉他，他应该用功念书，否则根本无法立足社会。可是，男孩说："有朝一日我会开一家公司。"父母根本不相信，还是千方百计按自己的意愿培养男孩，希望他能成为一位医生。

不久，男孩终于按照父母的意愿考入了一所大学的医科，可是他只对电脑感兴趣。在第一学期，他从当时零售商处买来降价处理的个人电脑，在宿舍里改装升级后卖给同学。他组装的电脑性能优良，而且价格便宜。不久，他的电脑不但在学校里走俏，而且连附近的法律事务所和许多小企业也纷纷来购买。

第一个学期快要结束的时候，他告诉父母，他要退学。父母坚决不同意，只允许他利用假期推销电脑，并且承诺，如果一个夏季销售不好，那么，必须放弃电脑。可是，男孩电脑生意就在这个夏季突飞猛进，仅用了一个月的时间，他就完成了 18 万美元的销售额。

他的计划成功了，父母很遗憾地同意他退学。

他组建了自己的公司，打出了自己的品牌。在很短的时间内，他良好的业绩引起投资家的关注。第二年，公司顺利地发行了股

票，他拥有了1800万美元的资金，那年他才23岁。

10年后，他创下了类似于比尔·盖茨般的神话，拥有资产达43亿美元。他就是美国戴尔公司总裁迈克尔·戴尔。

比尔·盖茨曾经亲自飞赴他的住所向他祝贺，比尔·盖茨对他说："我们都坚守自己的信念，并且对这一行业富有激情。"

每项奇迹的开始时总是始于一种伟大的想法。或许没有人知道今天的一个想法将会走多远，但是，我们不要怀疑，只要沉下心来，努力去做，让心中的杂音寂静，你就会听见它们就在不远处，而且伸手可及。

心灵处方

比尔·盖茨和迈克尔·戴尔是新经济时代的两个经典"神话"：他们都中途退学，都成为世界上顶尖的大富豪。也许他们的传奇经历并没有普遍意义，但至少可以告诉我们一点：做你真正喜欢的事业，不要让传统观念束缚住你。

8. 布鲁诺学烹调

布鲁诺的妻子在他退休前不久去世了。这使他非常悲伤。此后，他每天晚上下班回家后，就总是坐在电视机前，一直看到睡着为止。不过，他的白天过得还不算糟糕——在工厂里，他是个受人尊敬的质量检查员。工作便成了他的精神支柱。然而，他退休了，再也没有工作了。寂寞一下子成了布鲁诺生活的全部内容了。很少有人会来拜访他，甚至很少会有人给他打电话，人们似乎已经忘记了他的存在。布鲁诺迅速地衰老了。可他只有65岁。

她的女儿为此焦急万分。她记得，在她母亲活着的时候，他的性情总是那么开朗，精力总是那样充沛，好像没有什么东西能够难倒他似的。可现在……还有什么东西能够重新唤起他对生活的兴趣呢？

一个周末，女儿提着一只食品袋和一个长方形的礼品小包出现在了布鲁诺的面前。

“那是什么？”他看着那个小包问道，“今天又不是我的生日。”

“这是我给你的礼物，”女儿说，“你老是吃腌肉，我真担心你会营养失调。”

他打开了礼物：“是本烹调书？”

“是的，”她说，“这是给初学者用的。你喜欢吃的菜肴，比如烤肉糕、实心细面条、炖菜等等，这里都有。”

女儿走了以后，布鲁诺将这本烹调书从头到尾地翻了一遍，

然后认认真真地开始阅读了起来。没过多久，他就去买来了许多食物。第一次的试验是做他最喜欢吃的烤肉糕。根据烹调书上提出的要求，他照葫芦画瓢地做了一遍，不料却做得相当成功——真的，他觉得自己从来没有吃过这么好吃的烤肉糕，而且，更重要的，这是他亲手烹调的！从此，一发而不可收，烹调成了他生活的一种需要。

不久，他又不再满足于仅仅是为自己烹调了。这时，他对自己的烹调技艺已十分自信，觉得完全可以在众人面前露一手了。于是，他开始邀请邻居和朋友到自己家里来吃饭，他烹调的一道道鲜美的菜肴果然赢得了人们的啧啧称赞。他因此也经常得到邻居和朋友们的回请。这样，他又结识了许多新朋友。他的客人随之也越来越多了。他买了一本又一本的烹调书。他几乎每天晚上都会为他的客人端出一道新的菜肴。

布鲁诺学习烹调，不仅烹调出了食物的佳肴，而且烹调出了生活的美味。他不再感到孤独和寂寞，他又变得那么开朗，那么生气勃勃了。生活对于他，又展现出了迷人的魅力。

这在心理学上被称作“涟漪效应”：你在生活中所作出的改变，无论它看上去是多么的微不足道，对你有生之年的影响，都会像将一块石子扔进池塘一样，会产生一圈又一圈的涟漪，一直会影响到池塘的边缘。对于布鲁诺来说，烹调就是这样的石子，它使他从寂寞中解脱了出来，为他创造了一种新生活：有了新朋友，也有了新的生活兴趣。

心灵处方

徘徊于人生低谷的时候，要想办法走出孤独，无论是学习烹调也好，参加体育锻炼也罢，或是与朋友结伴旅旅也好。总之要走进人群，才能找到生活的乐趣。

9. 小燕的岗位

公司要裁员，名单公布，有内勤部办公室的小灿和小燕。规定一个月之后离岗。那天，大伙儿看她俩都小心翼翼，更不敢和她们多说一句话。因为，她俩的眼圈都红红的。这事摊到谁身上都难以接受。

第二天上班，这是小灿和小燕在单位的最后一个月。小灿的情绪仍很激动，谁跟她说话，她都像灌了一肚子的火药，逮着谁就向谁开火。裁员名单是老总定的，跟其他人没关系，甚至跟内勤部都没关系。小灿也知道，可心里憋气得很，又不敢找老总去发泄，只好找杯子、文件夹、抽屉撒气。“砰砰”“咚咚”，大伙儿的心被她提上来又摔下去，空气都快凝固了。人之将走，其行也哀，谁忍心去责备她呢？

小灿仍旧不能出气，又去找主任诉冤，找同事哭诉。“凭什么把我裁掉？我干得好好的……”眼珠一转，滚下泪来。旁边的人心里酸酸的，恨不得一时冲动让自己替下小灿。自然，办公室订盒饭、传送文件、收发信件，原来属小灿做的，现在都无人过问。

不久听说，小灿找了一些人到老总那儿说情，好像都是重量级的人物，小灿着实高兴了好几天。不久又听说，这次是“一刀切”，谁也通融不了。小灿再次受到打击，气愤愤的，异样的目光在每个人脸上刮来刮去，仿佛有谁在背后捣她的鬼，她要把那人用眼钩子勾出来。许多人开始怕她，都躲着她。

小灿原来很讨人喜欢，但后来，她人未走，大家却有点讨厌她了。

小燕也很讨人喜欢。同事们早已习惯了这样对她："小燕，把这个打一下，快点儿！""小燕，快把这个传出去！"小燕总是连声"答应"，手指像她的舌头一样灵巧。

裁员名单公布后，小燕哭了一晚上，第二天上班也无精打采，可打开电脑，拉开键盘，她就和以往一样地干开了。小燕见大伙不好意思再吩咐她做什么，便特地跟大家打招呼，主动揽活。她说：是福跑不了，是祸躲不了，反正这样了，不如干好最后一个月，以后想干恐怕都没机会了。小燕心里渐渐平静了，仍然勤劳地打字复印，随叫随到，坚守在她的岗位上。

一个月满，小灿如期下岗，而小燕却被从裁员名单中删除，留了下来。主任当众传达了老总的话：

"小燕的岗位，谁也无可替代；小燕这样的员工，公司永远不会嫌多!”

心灵处方

在怨天尤人的愤怒情绪中，只会把事情搞得越来越糟，把解决问题的机会再次错过。

10. 有志不在年高

他父亲是印第纳那州的农民，去世时他才 5 岁。

他 14 岁时从格林伍德学校辍学开始了流浪生涯。

他在农场干过杂活，干得很不开心。

当过电车售票员，也很不开心。

16 岁时他谎报年龄参了军——而军旅生活也不顺心。

一年的服役期满后，他去了阿拉巴马州。开了个铁匠铺，不久就倒闭了。

随后他在南方铁路公司当上了机车司炉工。他很喜欢这份工作，以为终于找到了自己的位置。

他 18 岁时娶了媳妇，没想到仅过了几个月时间，在得知太太怀孕的同一天又被解雇了。

接着有一天，当他在外面忙着找工作时，太太卖了他们所有的财产，逃回了娘家。

随后大萧条开始了。哈伦德不会因为老是失败而放弃。别人也是这么说的。他确实努力过了。

有一次还是在铁路上工作的时候，他曾通过函授学习法律，但后来放弃了。

他卖过保险，也卖过轮胎。

他经营过一条渡船，还开过一家加油站。都失败了。认命吧，哈伦德永远也成功不了。

此刻，他躲在弗吉尼亚州若阿诺克郊外的草丛中，谋划着一次绑架行动。他观察过小女孩的习惯，知道她下午什么时候会出来玩。

尽管他的日子过得一塌糊涂，可他从来没有过绑架这种冷酷的念头。

然而此刻他却借着屋外树丛的掩护，躲在草丛中，等待着一个天真无邪、长着红头发的两岁小姑娘进入他的攻击范围。

这是漫长的等待，使他有时间去思考。或许哈伦德从前的日子都过得太匆忙了。

可是，这一天，她没出来玩。因此他还是没能突破他一连串的失败。

后来，他成了考宾一家餐馆的主厨和洗瓶师。要不是那条新的公路刚好穿过那家餐馆，他会干得很好。

接着到了退休的年龄。

他并不是第一个，也不会是最后一个别了晚年还无以为耀的人。幸福鸟，或随便什么鸟，总是在不可企及的地方拍打着翅膀。他一直安分守己——除了那次未遂的绑架。

出于公正，必须说明的是，他只是想从离家出走的太太那儿绑架自己的女儿。

不过，母女俩后来回到了他身边。

时光飞逝。眼看一辈子都过去了，而他却一无所有。要不是有一天邮递员给他送来了他的第一份社会保险支票，他还不会意识到自己老了。

那天，哈伦德身上的什么东西愤怒了，觉醒了，爆发了。

政府很同情他。政府说，轮到你击球时你都没打中，不用再打了，该是放弃、退休的时候了。

他们寄给他一张退休金支票，说他“老”了。

他说：“呸”。

他气坏了。他收下了那105美元的支票，并用它开创了新的事业。

今天，他的事业欣欣向荣。而他，也终于在88岁高龄大获成功。

这个到该结束时才开始的人就是哈伦德·山德士。

他用他第一笔社会保险金创办的崭新事业正是肯德基家乡鸡。

接下来的故事想必您已经知道。

心灵处方

没想到肯德基门口站着的那个可爱的“老头”还会有这样一串故事吧，这让我们知道生活中没有所谓失败，除非你自己放弃追求。当你用鸡块果腹的时候，最好也从老头这儿吸取点精神营养。

11. 总有两种选择

杰瑞是个不同寻常的人。他的心情总是很好，而且对事物总是有正面的看法。

当有人问他近况如何时，他会答："我快乐无比。"

他是个饭店经理，却是个独特的级理。因为他换过几个饭店，而有几个饭店侍应生都跟着他跳槽。他天生就是个鼓舞者。

如果哪个雇员心情不好，杰瑞就会告诉他怎么去看事物的正面。

这样的生活态度实在让我好奇，终于有一天我对杰瑞说，这很难办到！一个人不可能总是看事情的光明面。"你是怎么做到的?"我问道。

杰瑞答道："每天早上我一醒来就对自己说，杰瑞，你今天有两种选择，你可以选择心情愉快，也可以选择心情不好。我选择心情愉快。"

"每次有坏事发生时，我可以选择成为一个受害者，也可以选择从中学些东西。我选择从中学习。"

"每次有人跑到我面前诉苦或抱怨，我可以选择接受他们的抱怨，也可以选择指出事情的正面。我选择后者。"

"是！对！可是没有那么容易吧。"我立刻声明。"就是有那么容易。"杰瑞答道，"人生就是选择。当你把无聊的东西都剔除后，每一种处境就是面临一个选择。你选择如何去面对各种处境。你选择别人的态度如何影响你的情绪。你选择心情舒畅还是糟糕透顶。归根结底，你自己选择如何面对人生？”

我受到杰瑞一番肺腑之言的影响。

没有多久，我就离开了饭店业去开创自己的事业，我们失去了联系，但我却经常想到他。

几年后，我听说杰瑞出事了：有一天早上，他忘记了关后门，被三个持枪的强盗拦住了。强盗因为紧张而受了惊吓，对他开了枪。幸运的是，杰瑞被发现较早，被送进了急诊室。经过 18 个小时的抢救和几个星期的精心照料，杰瑞出院了，只是仍有小部分弹片留在他的体内。

事情发生后 6 个月，我见到了杰瑞。我问他近况如何，他答道：“我快乐无比。想不想看看我的伤疤？”

我趋身去看了他的伤疤，又问他当强盗来时，他想些什么？

“第一件在我脑海中浮现的事是，我应该关后门。”杰瑞答道，“当我躺在地上时，我对自己说有两个选择：一是死，一是活。我选择了活。”

“你不害怕吗？你有没有失去知觉？”我问道。

杰瑞继续说：“医护人员都很好。他们不断告诉我，我会好的。”但当他们把我推进急诊室后，我看到他们脸上的表情，从他们的眼中，我读到了“他是个死人”。我知道我需要采取一些行动了。

“你采取了什么行动？”我赶紧问。

“有个身强力壮的护士大声问我问题，她问我有没有对什么东西过敏。我马上答，有的。这时，所有的医生、护士都停下来等着我说下去。我深深地吸了一口气，然后大声吼道：‘子弹！’在一片大笑声中，我又说道：‘我选择活下来，请把我当活人来医，而不是死人。’”

杰瑞活了下来，一方面要感谢医术高明的医生，另一方面得感谢他那惊人的生活态度。

心灵处方

任何一件事情发生后，都会有两种“选择”供你选择，“快乐无比”的杰瑞总是积极地选择正面，我们有什么理由去选择反面呢？

12. 还有一个苹果

一场突然而至的沙尘暴，让一位独自穿行大漠的旅者迷失了方向，更可怕的是装干粮和水的背包都不见了。翻遍所有的衣袋，他只找到一个泛青的苹果。

“哦，我还有一个苹果。”他惊喜地喊道。他攥着那个苹果，深一脚浅一脚地在大漠里寻找着出路。整整一个昼夜过去了，他仍未走出空旷的大漠，饥饿、干渴、疲惫却一起涌上来，望着茫茫无际的沙海，有好几次他都觉得自己快要支撑不住了，可是看一眼手里的苹果，他抿抿干裂的嘴唇，陡然又添了些许力量。

顶着炎炎烈日，他又继续艰难地跋涉。已数不清摔了多少跟头了，只是每一次他都挣扎着爬起来，踉跄着一点点地往前挪，他心中不停地默念着：“我还有一个苹果，我还有一个苹果……”

三天以后，他终于走出了大漠。那个他始终未曾咬过一口的青苹果，已干巴得不成样子。他还宝贝似的擎在手中，久久地凝视着。

在敬佩旅者之余，我不禁惊讶：一个看似微不足道的苹果，竟然有着如此神奇的力量。

是的，在生命的旅途中，我们常常会遭遇各种挫折和失败，会身陷某些意料之外的困境。这时，不要轻易地说自己什么都没了。其实只要心头不熄灭一个坚定的信念，努力地去找，总会找到帮助自己渡过难关的那“一个苹果”，握紧它，就没有穿不过的风雨、涉不过的险途。

心灵处方

自己对自己说：我失败了，放弃吧。那么你真的会躺下起不来。如果你说：我还能坚持。那么你果真就会有接着走下去的力量。人可以自己打败自己，也可以自己成全自己。身处逆境时，想想自己还有一个“苹果”，就算“苹果”很小，但是有它你就能战胜一切！

13. 一顿非同寻常的饭

1993年夏，我大学毕业开始求职，但西安城之大，竟没有我的容身之地，一无关系二无技术之长的中文系毕业的我很快就沦落为一个四处打零工、三餐不继的流浪汉。

那年的9月27日是我一生中最值得牢记的日子，那一天我弹尽粮绝，而我的人生转折点也从此开始。那个阳光和煦的午后，我在大街上漫无目的地走着，路过一家大酒楼时，我停住了。有多久了，我不曾吃过一顿有酒有菜的饱饭，光亮整洁的餐桌，美味可口的佳肴，还有服务小姐温和礼貌的问候，这一切离我多么遥远，却又令我多么向往。

我心中忽然升起一股不顾一切的勇气，推开门走了进去，选一张靠窗的桌子坐下，然后从容地点菜。我没敢太无所顾忌，只简单要了一份鱼香肉丝和一份扬州炒饭，想了想，又要了一瓶汉斯啤酒，我看着窗外来来往往的行人，忽然心里十分宁静。

吃过饭，我将剩下的酒一饮而尽，借酒壮胆，努力做出镇定的样子对服务员说："麻烦你请经理出来一下，我有事找他谈。"

经理很快出来了，是个五十开外的中年人。我问他："你们要雇人吗？我来打工行不行？"

他显然愣了："怎么想到这里来找工呢？"

我恳切地回答："我刚才吃得很饱，我希望每天都能吃饱。我

已经没有一分钱了，如果你不雇我，我就没办法还你的饭钱了。如果你可以让我来这里打工，那就有机会从我的工资中扣除今天的饭钱。”

他忍不住笑了，打个手势向服务员要来我的点菜单看了看说：“你并不贪心，看来真的只是为了吃饱饭。这样吧，你先写个简历给林经理，看看她可以给你安排个什么工作。”

此后我开始了在这家酒店的打工生涯，历尽磨难，我从办公室文秘做到西餐部经理又做到酒店副总经理。再后来，我集资开起了自己的酒店。

心灵处方

我只是吃了一顿对别人来说再普通不过的饭，但是，它对我来说绝对意义非凡，它是我成功的起点，成了我实现理想的导航灯。看来，非常时期，人是要有点非常思维和非常勇气的。

14. 甜咖啡

一位年轻人毕业后被分配到一个海上油田钻井队。在海上工作的第一天，领班要求他在限定的时间内登上几十米高的钻井架，把一个包装好的漂亮盒子送到最顶层的主管手里。他拿着盒子快步登上高高的狭窄的舷梯，气喘吁吁、满头是汗地登上顶层，把盒子交给主管。主管只在上面签下自己的名字，就让他送回去。他又快跑下舷梯，把盒子交给领班，领班也同样在上面签下自己的名字，让他再送给主管。

他看了看领班，犹豫了一下，又转身登上舷梯。当他第二次登上顶层把盒子交给主管时，浑身是汗两腿发颤，主管却和上次一样，在盒子上签下名字，让他把盒子再送回去。他擦擦脸上的汗水，转身走向舷梯，把盒子送下来，领班签完字，让他再送上去。

这时他有些愤怒了，他看看领班平静的脸，尽力忍着不发作，又拿起盒子艰难地一个台阶一个台阶地往下爬。当他上到最顶层时，浑身上下都湿透了，他第三次把盒子递给主管，主管看着他，傲慢地说："把盒子打开。"他撕开外面的包装纸，打开盒子，里面是两个玻璃罐，一罐咖啡，一罐咖啡伴侣。他愤怒地抬起头，双眼喷着怒火，射向主管。

主管又对他说："把咖啡冲上。"年轻人再也忍不住了，"叭"

地一下把盒子扔在地上："我不干了！"说完，他看看地上的盒子，感到心里痛快了许多，刚才的愤怒全释放了出来。

这时，这位傲慢的主管站起身来，直视他说："刚才让您做的这些，叫做承受极限训练，因为我们在海上作业，随时会遇到危险，就要求队员身上一定要有极强的承受力，承受各种危险的考验，才能完成海上作业任务。前面三次你都通过了，可惜只差最后一点点，你没有喝到自己冲的甜咖啡。现在，你可以走了。"

承受是痛苦的，它压抑了人性本身的快乐，但是成功，往往就是在你承受常人承受不了的痛苦之后，才会在某个方面有所突破，实现最初的梦想。可惜，许多时候，我们总是差那一点点……

心灵处方

吃得苦中苦，方为人上人。忍常人之所不能，这是对你人生的最大考验，只有通过了考验，方能喝到自己冲的"甜咖啡"。

15. 每秒摆一下

一只新组装好的小钟放在了两只旧钟当中。两只旧钟“滴答”“滴答”一分一秒地走着。其中一只旧钟对小钟说：“来吧，你也该工作了。可是我有点担心，你走完三千二百万次后，恐怕便吃不消了。”

“天啊！三千二百万次。”小钟吃惊不已，“要我做这么大的事？办不到，办不到。”

另一只旧钟说：“别听他胡说八道。不用害怕，你只要每秒钟滴答摆一下就行了。”

“天下哪有这样简单的事。”小钟将信将疑，“如果这样，我就试试吧。”

小钟很轻松地每秒钟“滴答”摆一下，不知不觉中，一年过去了，它摆了三千二百万次。

每个人都渴望梦想成真，成功似乎远在天边遥不可及，倦怠和不自信让我们怀疑自己的能力，放弃努力。其实，我们不必想以后的事，一年甚至一月之后的事，只要想着今天我要做些什么，明天我该做些什么，然后努力去完成，就像那只钟一样，每秒“滴答”摆一下，成功的喜悦就会慢慢浸润我们的生命。

我们常常不知道自己该做什么。幼时的梦想越来越远，风霜的磨砺和肩上的重担时时让我们不知所措，我们不知道接下来该怎么办。读了这个故事，我们会恍然大悟。

心灵处方

有一个正确的方向，知道自己在干什么，然后认认真真地每天做下去，成功就会在某处等着你。早一天晚一天可能有偶然的成分，但收获成功肯定是必然。

心灵驿站

XINLINGYIZHAN

生活中的智慧之灯

青少年枕边书

QINGSHAONIANZHENBIANSHU

心灵是一潭清澈的水，不过要驿站的图厅来装饰，才能绣成美丽的风景。

秦榆◎编著

中

北京联合出版公司

图书在版编目（CIP）数据

心灵驿站/秦榆编著．—北京：北京联合出版公司，2008.8（2015.10 修订重印）

ISBN 978-7-8060-0915-9

Ⅰ．心…　Ⅱ．秦…　Ⅲ．人生哲学—通俗读物　Ⅳ．B821-49

中国版本图书馆 CIP 数据核字（2004）第 051173 号

心灵驿站

编　　著：秦　榆

责任编辑：孙志文　文　超

封面设计：燕宏林洲

图文制作：北京东方视点数据技术有限公司

北京联合出版公司出版

（北京市西城区德外大街 83 号楼 9 层　100088）

北京龙跃印务有限公司　新华书店经销

字数 210 千字　640mm×960mm　1/16　36 印张

2015 年 10 月第 2 版　第 3 次印刷

ISBN 978-7-8060-0915-9

定价：84.00 元（全三册）

目 录

16. 住在隔壁的老奶奶

在我老家的隔壁，住着一位孤若伶仃的老奶奶，在她 26 岁的时候，丈夫外出做生意，却一去不返。是死在了乱枪之下，还是病死在外，还是像有人传说的被人在外面招了养老女婿，都不得而知。当时，她唯一的儿子只有五岁。

丈夫不见踪影几年以后，村里人都劝她改嫁。没有了男人，孩子又小，这寡守到什么时候是个头？她没有走。她说，丈夫生死不明，也许在很远的地方做了大生意，没准哪一天发了大财就回来了。她被这个念头支撑着，带着儿子顽强地生活着。她甚至把家里整理得更加井井有条。她想，假如丈夫发了大财回来，不能让他觉得家里这么窝囊寒碜。

这样过去了十几年，在她的儿子 17 岁的那一年，一支部队从村里经过，她的儿子跟部队走了。儿子说，他到外面去寻找父亲。

不料儿子走后又是音信全无。有人告诉她说儿子在一次战役中战死了，她不信，一个大活人怎么能说死就死呢？她甚至想，儿子不仅没有死，而且做了军官了，等打完仗，天下太平了，就会衣锦还乡。她还想，也许儿子已经娶了媳妇，给她生了孙子，回来的时候是一家子人了。

尽管儿子依然杳无音信，但这个想象给了她无穷的希望。她是一个小脚女人，不能下田种地，她就做绣花线的小生意，勤奋地奔走四乡，积累钱财。她告诉人们，她要挣些钱把房子翻盖了，等丈夫和儿子回来的时候住。

有一年她得了大病，医生已经判了她死刑，但她最后竟奇迹般地活了过来，她说，她不能死，她死了，儿子回来到哪里找家呢？

这位老人一直在我们村里健康地生活着，今年已经满百岁了。直到现在，她还是做着她的绣花线生意，她天天算着，她的儿子生了孙子，她的孙子也该生孩子了。这样想着的时候，她那布满皱褶的沧桑的脸上，即刻会变成像绣花线一样绚烂多彩的花朵。

每一次见到这位老人，我都会有无限的感慨。一个希望，一个在世人看来十分可笑的希望，一直滋养着她的人生。支持着这样一个脆弱的生命在苍茫的人世间走了几十个春秋。

心灵处方

没有什么比希望更能改变我们的处境。当我们处于厄运的时候，当我们败下阵来的时候，当我们面临一场巨大灾难的时候，让我们想想这位住在隔壁的老奶奶想想她的沧桑，再想想她的执著，然后将人生寄托于希望。希望就会使我们忘记眼下的失败和痛苦，给我们的人生重新插上飞翔的翅膀。

17. 别忘了带鱼篓

我刚毕业那会儿，正赶上就业困难，像我这样的普通的本科毕业生随处可见，找一个说得过去的工作都很费劲，更不要说谋一份让人羡慕的好工作了。

一天，为分配忙得焦头烂额的几个年轻人小聚，一起慨叹起生活中的种种艰难，纷纷抱怨自己没赶上好时候，我们的机遇太少了。

这时，一位已届中年的校友跟我们讲起了自己钓鱼的故事——

那会儿，他正对自己的工作感到乏味，落寞中时常拎着渔竿去垂钓，连着去了十多次，换了好多地方，他都是收获寥寥，装鱼的篓子越换越小，最后干脆只拎一把钓竿和少许鱼饵。

那天，钓技还不如他的同事老王约他一同去钓鱼，老王拿了一个不小的鱼篓，见他两手空空，硬塞给他一个小鱼篓。他笑着把它扔了，自负道："根本用不着，每次都钓不到几条鱼，用手就能拎回来。"

出乎意料的是，那天他们竟鬼使神差似的撞上了鱼篓，一条条的大鱼小鱼被甩上了岸。他的鱼饵很快用光了，幸亏老王带得多。

要满载而归时，他又懊悔不迭，后悔没有拿鱼篓来，老王的鱼篓装得满满的，他用柳条穿了几挂但仍拿不了地上那一大堆欢

蹦乱跳的鱼。

校友的故事有着一定的寓意，可我们当时谁也没太在意，甚至背后有些不理解校友都35岁了才开始考研复习，都感觉他用功为时已晚。

几年后的某日，当年的几位朋友再次聚会，其中两位已经下岗在做一点儿半死半活的小买卖，另几位也整日为保住自己说不上喜欢的工作而绞尽脑汁。说话间大家又提到了那位年长的校友，听说他硕士、博士连读下来，现在很多单位出高薪争着聘他。于是，大家羡慕他在激烈的社会竞争中竟有那么多的机会可自由选择时，又想起当年那个装鱼的篓子。这一次，我们才真正地理解了那个故事。

心灵处方

是的，许多人都渴望机遇的垂青，可机遇一旦真正来临时，却很少有人能抓住它，因为不少人只把注意力花在了梦想上，而根本没有做好把握的准备，就像那位校友当年没有带上装鱼的篓子，只有带着懊悔而归。

心灵驿站

18. 风雨之后见彩虹

冬天从江上漂来。北方，雪夹风声向南推进。一只孤飞的鸟击破长空。空白呈现出飞翔的速度。

初尝空白是在读乡村小学时，因家境贫寒，买不起稿纸，只好到卫生院拣些废弃的处方笺装订成册，利用背面那片空白。当时的学习成绩虽然名列前茅却不能阻止我向生活空白处的滑落：兄弟几个，数我最大，这注定得去学祖传的雕刻，开始那吃百家饭，做百家事的漂泊。

那年冬天我随父亲在后山，寒潮来了，雪就来了，单薄在外怕熬不过严冬，父亲命我趁大雪还未封住太白山先行回家，他留下继续做东家的活儿。

孤身上路，雪远比人走得快，它已在半道上等待良久。北风狂啸大雪漫天，上下一派迷蒙，道路渐渐被封住，进退维“雪”。

雪愈积愈厚，深可没膝。眼前一片孤寂茫茫。四顾无人，万物坠入白色的纯粹，找不到道路和方向。一个衣衫单薄的少年，就这样落入了雪的核心，不知所措的一种旷世迷茫的空白。

北风不停地呜咽，掀起无情的雪粒，漫无目标地打击。啸声奔驰回旋在荒凉的雪野，极为凄厉，如同鬼哭狼嚎。我不由想起惯于雪中出没的饥饿的狼。恐惧，胜过了寒冷，袭得我背脊发麻，周身汗毛倒竖，手颤抖着从怀中摸出那把雕刀，攥得掌心渗汗。那刀虽比我现在使用的笔大不了多少。却是唯一可用于抵抗的武器。

跌倒又爬起，深深浅浅，雪不关心眼泪，它无动于衷地抹去我划在雪地的痕迹，高高的太白山被深深地埋藏……

雪野没有昼夜，只有迷茫、寒冷、饥饿、恐惧和悲伤……它们让我记住了家在向阳的山坡上，逼迫双脚不停地伸入那悬生死于一线的、没有脚印的空白。

那场雪中的苦难，或许是被当时只是少年的我夸大了，但被夸大的苦难却成了砥砺心灵的恰当的磨石。此后，我不断地重临生命的空白，不断地从雪样的空白围困中走出，但直到面对一份份等待我写出答案的试卷，这才真正认识到它的含意。面对试卷虽然心有余悸，但仍须去填充它。对或错，上升或下降，结果只有两种，谁甘于沉沦？我获得的全部经验是：除了挺住，和在挺住中行动。没有任何方式可以帮助你自己。正是空白教会我存在者去存在。

多年以后的冬天，我坐在都市的一间房子里沉思、写作，眼前又出现一片巨大的空白。雪正从窗外经过，我想起寒冷的雪原上，那个手持雕刀的孤独少年，他一直在我体内行走。

心灵处方

在艰难困苦面前，是甘于沉沦还是奋勇向前？只有从中出来过的人，才能告诉你全部的含义：除了挺住和在挺住中行动，没有任何方式可以帮助你自己。经历了风雨，才能见彩虹。

19. 身患癌症的老人

我认识一位老人，十年前他被诊断出患了癌症，医生预测他的生命最多还有两年。面对癌症，老人始终保持着一种乐观向上的情绪，不管病情发生多大变化，他从不气馁和颓废。在积极配合医务人员治疗的同时，他还积极参加自己力所能及的体育锻炼。就这样，他已平安度过了十个春秋。在一次闲聊中我问他，是什么神奇的力量支撑着他活了这么多年，老人笑着对我说："是信心，几乎每天早晨，我都对自己说，我不会倒下去，我还有许多事情要做，我一定能把病治好。"

人活着离不开信心。对于养生来说，信心是一剂驱逐百病的灵丹妙药。现代医学证明，如果一个人的自信心十分坚定而持久，就可以提高抵抗疾病的能力。疾病，尤其是比较严重或久治不愈的疾病，不仅折磨着人的肉体，而且同时也摧残着人的精神。因此，在疾病面前，意志薄弱者往往丧失信心，从而被疾病击垮，促使病情恶化。我国唐代著名诗人白居易在40岁时突患重病，一时间头发皓白，牙齿脱落，身体十分虚弱。然而，他并没有被疾病吓倒，而是抱着一种战胜疾病的勇气和信心，乐观的态度对待人生，终于在不断的治疗和运动中战胜了病魔，成为我国古代文学界长寿老人之一。

有位诗人说，信心是半个生命，淡漠是半个死亡。老年人能否健康长寿，因素固然有许多，但信心是重要的一条。有健康的精神，才有健康的身体。靠坚强的信心，就能祛病健身，就能健康长寿。信心是精神支柱，一个人只要精神不倒，就能顽强地活下去，战斗下去。从这个意义上说，信心不仅是半个生命，而且是整个生命。

人到老年，由于经历了几十年的凄风冷雨，身染有病者总有十之八九。然而，生命或许很脆弱，但是有了信心，生命就能强劲起来；生命极易萎缩，但是有了信心，生命就能挺拔和旺盛。

心灵处方

信心所给予生命的，不只是一种依托，一种凭借，一种支持，信心给予生命的，是永远的坚强和力量。

20. 微笑如花

楼下的空地上前不久新开了一家小吃摊，经营煎饼、馒头、稀饭等小吃。摊主是一位四十开外的中年男人，虽然神情很是疲倦，但他脸上始终挂着一种平和而又温暖的微笑。因地段偏僻，小吃摊的生意较冷清，而他脸上的笑容并未因此而收敛片刻，依然笑对着时间的流逝和人来年往，淡定如云。

因自己客居异乡，生活没有规律，早餐或晚餐常在他的小吃摊上将就，时间长了，便也与他混得半熟。

后来从他的口中得知，他妻子前年遭遇了车祸，至今仍然躺在床上，儿子读高中毕业班，正是需要在他身上大把花钱的时候，不巧的是今年他也下岗了，贫困的生活犹如雪上添霜，没办法，只好来张罗小吃摊，赚多少算多少，只求能把家支撑下来……令我吃惊的是，当他叙说这些常人不敢想象的不幸时，脸上平和的微笑仍然没有丝毫的改变。

一天在他摊上吃过晚餐正准备离去时，他叫住了我，笑着对我说："师傅，今天我搬家的板车坏了，你能不能帮我搬点东西回家?"我爽快地答应了。

刚走进他狭窄的家，我就被半埋于枕头上的一张笑脸感动了——这是他的妻子，躺在床上侧过脸对着他微笑着，正如他示人的微笑——平和而又温暖。从这张微笑着的脸上，根本找不到一丝半点重残在身、卧床已久、生活贫困的人所表露出的烦躁、孤僻、茫然、嫉恨、厌世等神情。这张脸虽然苍白、清瘦，但洋溢出来的微笑，却如花般明媚、灿烂，使得简陋的房间温馨如春。他们好像无视我这个外人的存在，他坐在她身边，问她的身体情况；她用手摸摸他的脸，询问他累不累，那轻柔的声音和悦耳的笑声，像空气一样在房间里流淌。而更加令人感动的是，他们放学回来的儿子，脸上的微笑一如他的父母，在平和、温暖之中，还透出一种希望。

心灵处方

我很感动，也突然地明白了他们为什么示人以如花般的微笑的原因了，更深深感受到了隐蔽在这种微笑背后无可比拟的力量——对生活的信心。我想，这才是支撑起一个真正幸福家庭的所在，哪怕遭受再大的不幸和厄运，都能够平安、快乐地面对和度过。

21. 两条河的寓言

曾读过一则非常有意思的寓言：

话说两条欢天喜地的河，从山上的源头出发，相约流向大海。它们各自分别经过了山林幽谷、翠绿草原，最后在隔着大海的一片荒漠前碰头，相对叹息。

若不顾一切往前奔流，它们必会被干涸的沙漠吸干，化为乌有；要是停滞不前，就永远也到达不了自由、无边无际的大海。云朵闻声而至，向它们提出了一个拯救它们的办法。

一条河绝望地认为云朵的办法行不通，执意不就范；另一条河则不肯就此放弃投奔大海的梦想，毅然化成了蒸汽，让云朵牵引着它飞越沙漠，终于随着暴雨落在地上，还原成河水流到大海。

不相信奇迹的那条河，宿命地流向前方，给无情的沙漠吞噬了。

在面对生活的困境时，我们都可以选择当第二条河，凭着自己坚信的理念和梦想，在绝处中寻找生机，而不是用死亡来拒绝面对难题。

访问过一名乳癌病患者，她透露自己当初在被推入手术房的那一刻，不断地和上帝“讨价还价”，祈求上帝让她多活 10 年，待她那两个年幼的孩子年长一些，才来把她带走。

在那一刻，孩子成了她活着的最大的意义。为了孩子，她积

极乐观地面对病魔，一路走来已有 12 年，而上帝也未向她“讨债”。她说，患病后认识的另一名女士就没这么幸运了，虽然病情相似，但她却因丈夫离开，生活失去了重心，而自怜自艾，放弃与病魔搏斗。而对死神的挑战，患病不到五个月的她选择弃权，像极了沙漠中被索汲水分至死的第一条河。

反观前者，从最初难以接受地不断质问“为什么是我?”到现阶段能自适豁达地面对自己的病情，她显然已飞越过生命中干旱的沙漠，尝到了生命源泉的甘甜。

是不是没尝过茶般的苦涩，就无法体会美酒的醉人？难道我们就非得经过挫折和生活的历练，才能真正领悟出活着的意义？

心灵处方

身逢绝境的两条河，一条走向了生命的终结，另一条却创造了生命的奇迹，导致这截然不同的两种结局的是两条河的心态不同，一条消极悲观，一条积极乐观。我们的生活中也有很多类似的人，他们以坚强而伟岸的姿态屹立于风雨，等待阳光的到来！

22. 苦难与天才

上帝像精明的生意人，给你一份天才，就搭配几倍于前的苦难。

世界超级小提琴家帕格尼尼就是一位同时接受两种馈赠又善于用苦难的琴弦把天才演奏到极致的天下第一奇人。

他首先是一位苦难者。四岁时一场麻疹和强直昏厥症，已使他白布裹尸装人棺材。七岁又险死于猩红热。十三岁患上严重肺炎，不得不大量放血治疗。四十岁牙床突然长满脓疮，只好拔掉几乎所有牙齿。牙病刚愈，又染上了可怕的眼疾，幼小的儿子成了手中拐杖。五十岁后，关节炎、肠道炎、喉结核等多种疾病吞噬着他的肌体。后来声带也坏了，靠儿子按口型翻译他的思想。他仅活到五十七岁，就口吐鲜血而亡。死后尸体也备受磨难，先后搬迁了八次。

上帝搭配他的苦难实在太残酷无情了。

但他似乎觉得这还不够深重，又给生活设置了各种障碍和漩涡。他长期把自己囚禁起来，每天练琴十至十二小时，忘记饥饿和死亡。十三岁起，他就周游各地，过着流浪生活。他一生和五个女人发生过感情纠葛，其中有拿破仑的遗孀和两个妹妹。姑嫂间为他展开激烈争夺。但他不齿于上流社会生活，认定命该受苦受难。在他眼中这也不是爱情，而只是他练琴的教场和获得唯一一个儿子的公平交易。除了儿子和小提琴，他几乎没有一个家和其他亲人。

他其次才是一位天才。三岁学琴，十二岁就举办首次音乐会，并一举成功，轰动舆论界。之后他的琴声遍及法、意、奥、德、英、捷等国。他的演奏使帕尔玛首席提琴家罗拉惊异得从病榻上跳下来，木然而立，无颜收他为徒。他的琴声使卢卡观众欣喜若狂，宣布他为共和国首席小提琴家。在意大利巡回演出产生神奇效果，人们到处传说他的琴弦是用情妇肠子制作的，魔鬼又暗授妖术，所以他的琴声才魔力无穷。歌德评价他“在琴弦上展现了火一样的灵魂”。李斯特大喊：“天啊，在这四根琴弦中包含着多少苦难、痛苦和受到残害的生灵啊！”

人们不禁问：是苦难成就了天才，还是天才特别热爱苦难？

心灵处方

并非苦难成就天才，也不是天才特别热爱苦难。苦难很多人都可能会碰到，有的人退缩了，有的人过来了。退缩的人就此沉没，过来的人成了天才。

23. 起点

在一次别开生面的人才招聘会上，A 君以其绝对的实力过了 5 关，不知最后一关会是什么。A 君在揣摩着。而另一位同是某名牌大学毕业的 B 君则有两关是勉强通过的。

此时，他们都在等待着第 6 关考题的公布，这将是之于他们的一次宣判，因为两个当中只能选一个。

A 君人选是无疑了。大家都向他投去赞赏的目光。

主持者在片刻的有些令人窒息的“冷场”之后开始宣布：A 君被录取，B 君另谋高就。

宣布完后，A 君兴奋地站起来，抑制不住心中的激动之情带头为自己鼓掌。

这时，B 君不卑不亢地起身微笑着说：“哦，正可谓人各有志不可强求，选择人才是择优录取，更何况每个单位都有它用人的标准和尺度，每个人都要求找到、也会有自己适合的位置。好了，再见。”

“B 先生请留步！”主持者面带欣喜起身走向 B 君，B 先生，“你被录取了。”

接着，主持者向大会郑重宣布：成功与失败本是两个相互依存的概念，是相对而存在的，该是平等的，如果把任何一方看得过重，这个天平就要失衡，在这个世上生存或是发展，我们不只羡慕成功者的辉煌，而更看重能镇定自若面对失败的人。因为，

每一个成功实际上是以许多的失败为起点的，连在起点上都坚持不住的人，何谈以后的漫漫长途呢！

全场响起热烈的掌声。

此时，我们都该和 A 君一样，知道我们所面临的第 6 个问题了吧。

心灵处方

生活需要一种平和态度，对待成功与失败更需要一种平和的心态去面对，成功固然可喜，失败也不必气馁，每一个成功实际上是以许多的失败为起点的，在起点上能平静面对，坚持下去的人，必能达到成功的终点。

24. 炼金术

在一本有关泰国文化的书里曾读到这样一个故事。

在很久以前，泰国有个叫奈哈松的人，一心想成为一个富翁。他觉得成为富翁的最短的捷径便是学会炼金之术。

此后他把全部的时间、金钱和精力，都用在了炼金术的实验中了。不久以后他花光了自己的全部积蓄。家中变得一贫如洗，连饭都没得吃了。妻子无奈，跑到父亲那里诉苦。她父亲决定帮女婿改掉恶习。

他让奈哈松前来相见，并对他说："我已经掌握了炼金之术，只是现在还缺少一样炼金的东西……"

"快告诉我还缺少什么？"奈哈松急切问道。

"那好吧，我可以让你知道这个秘密。我需要 3 公斤香蕉叶下的白色绒毛。这些绒毛必须是你自己种的香蕉树上的。等到收齐绒毛后，我便告诉你炼金的方法。"

奈哈松回家后立刻将已荒废多年的田地种上了香蕉。为了尽快凑齐绒毛，他除了种以前就有的自家的田地外，还开垦了大量的荒地。当香蕉长熟后，他便小心地从每张香蕉叶下收刮白绒毛。而他的妻子和儿女则抬着一串串香蕉到市场上去卖。就这样，十年过去了。奈哈松终于收集够了 3 公斤绒毛。这天，他一脸兴奋地拿着绒毛来到岳父的家里，向岳父讨要炼金之术。

岳父指着院中的一间房子说："现在，你把那边的房门打开看看。”

奈哈松找开了那扇门，立即看到满屋金光，竟全是黄金，他的妻子儿女都站在屋中。妻子告诉他，这些金子都是他这十年里所种的香蕉换来的。面对着满屋实实在在的黄金，奈哈松恍然大悟。

心灵处方

视实生活中，人人都有梦想，都渴望成功，都想找到一条成功的捷径。其实捷径就在你的身边，那就是勤于积累，脚踏实地。播种辛苦的和汗水，才能收获金子和阳光。

25. 改变命运的一封信

他随母亲和哥哥到日本那年，已经11岁了，一句日语不会说，先上了一年语言补习学校，然后又重新上学，12岁读一年级，个头比同班同学高出一头，日语说得结结巴巴，同学们都看不起他，欺负他，他很孤独，也很倔强，把所有的时间都用在学习上。他没有父亲，没有钱，他什么都没有，没有什么可以依靠，他只有读好书，让自己有一点可以骄傲的资本。他做到了，他一直是班上学习成绩最好的，从小学到中学。高中毕业时，因为成绩优异，日本最著名的三所大学同时录取了他。

但是他去不了，入学要交一百多万日元学费，他没有。年过半百的母亲每天在工厂压700条裤线，勉强维持他们的衣食住，哪有多余的钱供他上大学？哥哥已经结婚了，在一家生产椅子的木工厂做椅背，勉强维持自己生活。没有钱，交不起学费，就意味着他要告别校园，和母亲、哥哥一样，进工厂做工，压一辈子裤线，做一辈子椅背。

他把自己关在屋里三天，想了三天。最后，他鼓起勇气，拿出笔和纸，把自己的身世、现在的困境如实地写下来，寄给日本很有名的报纸——《朝日新闻》，然后就到哥哥工作的那家木工厂打工。他的工作是最后一道程序，就是把做好的椅背、椅座、扶手、椅腿这些配件组装在一起。看起来简单，但是，因为流水作业，所有这些程序需要在一分钟内完成。一天下来，胳膊酸痛得抬不起来，而他一天的薪水是两千多日元，一个月不到十万日元。

但是一个月后，他收到了 500 多万日元。他的信邮出去后，一位好心的编辑看了，非常感动，也很同情他，把他的信全文在报上发了。电话、信件和汇款像雪片似的邮来，一个月内，就邮来 500 多万元，交学费已绰绰有余。这意外的惊喜，让他说不出的感动。他选取了日本东京大学，交了学费，剩下的钱他捐给了和他一样面临困境的学生。

从东京大学毕业后不久，他被派到日本驻沈阳领事馆，负责处理日中文化经济合作等事务。后来他又回到日本，现在是日本著名的伊藤株式会社高级负责人。而当年和他一起在那家木工厂做工的哥哥，现在依然还坐在那里做椅背。做了半辈子椅背的哥哥自己从来没在那椅背上靠一靠，他自己的背已像他做的椅背一样弯了。

心灵处方

人生多风雨，而磨难却是另一颗太阳，它会激励你去寻找道路，创造奇迹改变命运。

26. 开除失败先生

你的头脑是一个“思想制造工厂”，一个非常忙碌、每日制造无数思想的工厂。

工厂由两位工头负责。一位我们称他为成功先生，另一位我们称他为失败先生。成功先生负责正面思想的生产，他的专长是生产你之所以、可以够资格，以及会成功的理由。另外一位工头失败先生负责生产负面、自贬的思想，他是替你制造你之所以不能、不精、不足以成事的理由，生产为什么你会失败的思想，是他的专长。

成功先生和失败先生都非常听话，你只要稍稍给他们信号，他们就马上采取行动。如果讯号是正面的，成功先生就会出来执

行命令。反之，负面的讯号，失败先生就会出来完成任务。

想要了解这两位工头对你的影响，你不妨这么做：告诉你自己“今天真倒霉”。失败先生一接到这个信号，立刻制造出几个事实证明你是对的。他会让你觉得今大太热或太冷、生意冷清、售货量减少、有人不耐烦、你生病、你太太心情不好。失败先生非常有效率，不到一会儿工夫，你就感到今天真倒霉。

如果你告诉自己“今天是个好日子”。成功先生接到讯号出来执行任务，他告诉你“今天是个好日子、天气好、仍然快乐地活着、你又可以赶些进程”。那么，今天就是个好日子。

同理，失败先生让你相信你无法说服史密斯先生，成功先生则告诉你可以。失败先生说你会失败，成功先生则让你相信你会成功。失败先生找了冠冕堂皇的理由叫你不喜欢汤姆，成功先生则叫你相信汤姆是值得喜欢的。

你给他们的信号愈多，他们就变得愈有权力。如果失败先生的工作增加，也就会增添人员，占据脑部更多的空间。最后他就霸占了整个思想工厂，可想而知，所有生产出来的思想都将是负面的。

所以最聪明的办法就是开除失败先生。你不需要他，你也不想他在你旁边告诉你这不能、那办不到、会失败什么的。既然他无法帮你达到成功的目的，干脆一脚把他踢开。

完全重用成功先生，不论任何思想进入你的脑中，派成功先生去执行任务，他将引你步向成功。

心灵处方

人们常说，谋事在人，成事在天，其实除了摸彩票以外，一切成功全靠你自己，全靠你头脑中的“成功先生”。所以，把失败先生从你的脑子中开除吧。这样，你才能跨过坎坷，战胜挫折。迎来成功的阳光和快乐的生活。

27. 突破极限

体育运动中有一个名词叫做生理极限，其实其他领域中也有这样的状况，很多人就在极限来临的那一瞬间放弃了。

当年上大学时，我有位同学叫小新，他原先并不喜欢音乐。有一天他在学校草坪上看到了一个同学的吉他表演，那潇洒的弹吉他姿势、畅快淋漓的手法、美妙动人的节奏，使小新彻底地心醉了。他问那个同学能不能教他学，那位同学告诉他说：“去找阿竹吧，他比我强上十倍，跟着我你是学不到任何东西。”

小新依着同学的指点，找到了那个全校公认第一的吉他手，居然很顺利地成为了人家的记名弟子。为了激励自己学吉他的兴趣并保持练习的状态，小新斥“巨资”买了一把韩国产的吉他。在好吉他好师傅的帮助下，小新进步很快，一下子超过了练吉他较他早得多的同学。小新有点得意，但又有点迷惘，因为在内心他知道自己的技艺依然比师傅还差很远，他焦急地希望青出于蓝的日子早日来到。不料师傅毕业的日子竟如此快地到来了，胜于蓝的日子却没能并驾齐驱。师傅临别时嘱咐：“你要每天好好地练吉他啊!”

每当想起这句话，小新就不由得打心眼儿里痛，因为他现在面对的是尘封将近半年之久的吉他——那个高价买来的韩国吉他。他觉着自己很难有所突破提高，加上学业忙碌，他已许久不练吉他了。就在师傅离开一周年那天下午，小新接到了久违的师傅从远方捎来的一封邮件，信里说：

“小新，离开你已经一年了，很想你。如果我没有猜错的话，你一年来的坚持已经带来了你技艺的突破。你现在已经能够轻松自如地应用各种技巧了吧？那天没有告诉你，这一年是你最难熬的日子，因为你虽然已经入门，但是要真正地成为一名高手，尚需要技巧的纯熟，这可能会耗费你一年的时间去反复锤炼。这是必要的同时也是值得的，现在你一定有了自己的答案了，是吗？……”

那天晚上，小新把那把吉他仔细地擦拭了一遍，忧郁地弹了几首曲子，然后默默无语地把吉他收了起来，直到一年后我们毕业，我们再没见他弹过吉他。前年我出差到他所在的城市，在他家客厅里又见到他那把吉他。小新告诉我，工作后，他又拿起了吉他，坚持练了下去，自觉又上了一个境界，他与阿竹始终保持着联系。他说：阿竹真是一个好老师。

当困难看起来难以克服时，放弃似乎是最容易摆脱困境的出路。尤其是在面临突破、上一个平台境界的时刻，往往总感觉长时间的徘徊不前，一种涅槃般的痛苦。在生活中，很多人失败了，不是因为他们缺少知识和才能，而是他们放弃了。成功并不遥远，只不过你的耐性差了一点点。其实这时候往往就是黎明前的黑暗，越接近成功时，可能越艰苦难熬。

心灵处方

生活就是这样，成功者可能仅仅比我们这些失败者多忍耐了几分钟，他们就成功了。英语中有一句非常贴切的话来形容这种情形：一个英雄并不在于他比别人更勇敢，而在于他比其他人勇敢的时间多出了十分钟。

28. 激情融化冰雪

心由境造，境由心生。心冷了，太阳都不再温暖；心热了，冰雪也会融化。

经历了黑色七月，我并没有取得自己梦想中的好成绩，尽管分数上还说得过去，但只能进一所不起眼的大学。

经过半个年头，我终于放了寒假。在家里的时候，父亲向我问起了大学生活，我告诉他说："其实真的很没劲。"

我的父亲是个铁匠。他听了我的话后，脸上一直很惊愕，沉默了半晌之后，转过身用他那粗糙无比的手操起了一把大铁钳，从火炉中夹起一块被烧得通红通红的铁块，放在铁垫上狠狠地锤了几下，随之丢入了身边的冷水中。

"滋"的一声响。水沸腾了，一缕缕白气向空中飘散。

父亲说："你看，水是冷的，然而铁却是热的。当把热的铁块丢进水中之后，水和铁就开始了较量——它们都有自己的目的，水想使铁冷却，同时铁也想使水沸腾。现实中，又何尝不是如此呢？生活好比是冷水，你就是热铁，如果你不想自己被水冷却，就得让水沸腾。"听后，我感动不已，朴实的父亲竟说出了这么饱含哲理的话，让我真的深受感动。

第二学期开始了，我反省自己，并且不停地努力，学习终于有了一点起色，内心也开始一天天地丰富充实起来。

没人喜欢挫折，没人愿意奢望多，收获少。但是，当你本能

地去生活，去追求幸福时，你的主要目标之一就是大限度地减少挫折、增加欢乐。

没有人喜欢磨难，没有人放着笔直平坦的大道不走，而选择坎坷不平的羊肠小道。但是，当生活中的磨难落在了你头上，当没有宽阔平坦的大路时。你活着就要坦然面对，不能逃避，逃避只能让你滑人生命的沼泽地，越陷越深，最终将被生活淘汰或遗弃。

只要你抱着生活中的挫折是生活馈赠给你的礼物态度，你便不会抱怨生活的不公了，这些礼物就是坚定的信念和积极的生活态度。

心灵处方

如果你不想被平庸无色的生活“冷却”了你的斗志，你就得用生命的激情与辛勤的汗水把这盆冷水煮沸。不是吗？

29. 一场大火

1914年12月，大发明家托马斯·爱迪生的实验室在一场大火中化为灰烬。损失超过200万美金，但事前却只投了23.8万的保险，因为实验室是钢筋混凝土结构，按理说应是防火的。那个晚上，爱迪生一生的心血成果在蔚为壮观的大火之中付之一炬了。

大火最凶的当儿，爱迪生24岁的儿子查里斯在浓烟和废墟中发疯似的寻找他父亲。他最终找到了：爱迪生平静地看着火势，他的脸在火光摇曳中闪亮，他的白发在寒风中飘动着。

“我真为他难过，”查里斯后来写道，“他都67岁——不再年轻了——可眼下这一切都付诸东流了。他看到我就嚷道：‘查里斯，你母亲去哪儿了？去，快去把她找来，她这辈子恐怕再也见不着这样的场面了。’”第二天早上，爱迪生看着一片废墟说道：“灾难自有它的价值，瞧，这不，我们以前所有的谬误过失都给大火烧了个一干二净，感谢上帝，这下我们又可以从头再来了。”

火灾刚过去三个星期，爱迪生就开始着手推出他的第一部留声机。

心灵处方

67岁的爱迪生能够从灾难中找出“价值”。从头再来，这种乐观的态度、豁达的胸怀、不屈的斗志真让人敬佩，愿我们能从他身上学到些什么。

30. 爸爸的承诺

1989年，一次8.2级的地震几乎铲平这座城市，在不到4分钟的短短时间里，3万人以上因此丧生！

在一阵破坏与混乱之中，有位父亲将他的妻子安全地安置好了以后，跑到他儿子就读的学校，迎面触目所见，却是被夷为平地的校园。

看到这令人伤心的一幕，他想起了曾经对儿子所作的承诺：“不论发生什么事，我都会在你身边。”至此，父亲热泪满眶。面对看起来是如此绝望的瓦砾堆，父亲的脑中仍记着他对儿子的诺言。

他开始努力回想儿子每天早上上学必经之路，终于记起儿子的教室应该就在那幢建筑物，他跑到那儿，开始在碎石砾中挖掘搜寻儿子的下落。

当父亲正在挖掘时，其他悲伤的学生家长赶到现场，悲伤纷乱地叫着：“我的儿子呀！”“我的女儿！”有些好意的家长试着把这位父亲劝离现场，告诉他“一切都太迟了！”“无济于事的”“算了吧”等等，面对这种劝告，这位父亲只是一一回答他们：“你们要帮助我吗？”然后依然继续进行挖掘工作，一瓦一砾地寻找他的儿子。

不久，消防队队长出现了，也试着把这位父亲劝走，对他说：“火灾频传，处处随时可能发生爆炸，你留在这里太危险了，这边的事我们会处理，你快点回家吧。”而父亲却仍然回答着：“你们

要帮助我吗?”

警察也赶到现场，同样让父亲离开。这位父亲依旧回答：“你们要帮助我吗?”然而，却没有一个人帮助他。

只为了要知道亲爱的儿子是生是死，父亲独自一人鼓起勇气，继续进行他的工作。

时间一分一秒地流逝，挖掘的工作持续了 38 小时之后，父亲推开了块大石头，听到了儿子的声音。父亲尖叫着：“阿曼。”他听到了回音：“爸爸吗？是我，爸，我告诉其他的小朋友说，如果你活着，你会来救我的。如果我获救时，他们也获救了。你答应过我的。‘不论发生什么事，你都会在我身边’，你做到了，爸！”

“你那里的情况怎样?”父亲问。

“我们有 33 个人，其中只有 14 个人活着。爸，我们好害怕，又渴又饿，谢天谢地，你在这儿。教室倒塌时，刚好形成一个三角形的洞，救了我们。”

“快出来吧！儿子！”

“不，爸，让其他小朋友走出去吧！因为我知道你会接我的！不管发生什么事，我知道你都会在我身边！”

心灵处方

如果你自己都觉着没希望了，谁还能给你希望呢？如果你身处黑暗，那么请你一定要抱紧希望向前，因为，希望是盏灯，它能照亮黑暗，指引你向前。希望是生命的阳光，有了它世界才变得精彩纷呈、美丽无比、生机勃勃。生命会因此而精彩。

31. 丢失了“快乐心”

不要埋怨，不要气馁，困难只能使人有所前进，有所超越，真正的快乐只有自己体会最深!

从前在遥远的国度中，住着一位小王子。他是有史以来最快乐的小王子之一。每一天他都快乐地大笑、唱歌和游玩。他的声音就像音乐一般地甜美。不论他走到哪里，都带给大家快乐。每个人都认为这是因为魔法的关系。在小王子的脖子上挂着一条金色的项链，上面有一颗神奇的心。那颗心也是用黄金打造的，并镶有贵重的宝石。

在小王子很小的时候，小王子的教母送给他这颗心，在她把这条链子戴在小王子那头满是卷发的小脑瓜时，曾说：“戴着这颗快乐的心，会让王子永远快乐。要小心，别弄丢了。”

所有照顾小王子的人都会小心地把那条有快乐的心的项链紧紧地扣上。但是有一天，他们发现小王子在花园中，显得非常地悲伤、忧愁。他的脸紧紧地皱成一团。

“你们看。”他说，并指指他的脖子。然后，大家就知道发生了什么事。

快乐的心不见了！大家都找不到它，小王子一天比一天变得更悲伤。有一天，小王子不见了。他自己一个人离开了，去寻找那颗他所珍爱的遗失的快乐的心。

小王子找了一整天。他在城里的街道上和乡间的小路上搜寻，

他在店铺里搜寻，也在富人居住的房门中张望。但是，到处都找不到他那颗遗失的心。一到傍晚，他又累又饿。他从来没有走过这么远的路，也从来不会感到这么不快乐。

太阳下山时，小王子来到一栋位于森林边缘的小屋子前，屋子看起来非常破旧，有一线灯光从窗户中投射出来。所以，他以一个王子的身份，拨开门闩，走进去。

屋里有一位母亲正在哄小婴儿睡觉，父亲正在大声地朗读一个故事，小女孩正在布置晚餐的餐桌，和小王子年龄相仿的小男孩正在生火。母亲穿的衣服很旧了，而他们的晚餐只有麦片粥和马铃薯，炉火也很小，但是一家人都像小王子所渴望的那么快乐。孩子们光着脚，脸上却挂着笑容。而母亲的声音是那么的甜美！

“你要和我们一起吃晚餐吗？”他们问。

他们似乎没有注意到王子那张皱成一团的脸。

“你们快乐的心在哪里？”王子问他们。

“我不知道你在说什么。”男孩子和女孩说。

“为什么？”王子说，“你们每个人都像脖子上戴了金链子一样，才会这么快乐。我也想像你们一样。你们的金链子在哪里？”

啊！这些孩子们开心得大笑！

“我们不需要戴金心，”他们说，“我们都深深爱着其他的家人。我们在游戏时把这间屋子当成城堡，而且我们用火鸡和冰激凌当晚餐。晚餐后，妈妈会为我们讲故事。我们只需要这些就可以很快乐了”。

“我要留下来和你们一起用晚餐。”小王子说。

所以他就在这间像是城堡一样的小屋子里吃晚餐，把麦片粥和马铃薯当作是火鸡和冰激凌。他帮助洗碗盘，然后他们都坐在火炉前。他们把小小的炉火看成是烧得又旺又大的火焰，一边听母亲说着仙女的故事。

突然，小王子开始笑了。他的笑容就像以往那般幸福，他的声音也再次像音乐一般甜美。

这个晚上，他过得非常快乐。然后，男孩子陪着他走向回家的路。当他们就快抵达皇宫大门时，王子说：

“真奇怪，但我真的觉得好像已经找到了我的快乐的心。”

男孩子笑了起来。

“有什么好奇怪的，你是已经找到了，”他说，“只不过现在你把它戴在身体里面了。”

访美的一位中国女作家在纽约街头遇着一位卖花的老太太。这位老太太穿着相当破旧，身体看上去也很虚弱，但脸上却是祥和高兴的神情。女作家挑了一朵花说：“你看起来很高兴。”

“为什么不呢？一切都这么美好。”

“对烦恼，你倒真能看得开。”女作家随口说了一句

老太太的回答令女作家大吃一惊：“耶稣在星期五被绑上十字架时，是全世界最糟糕的一天，可三天后就是复活节。所以，当我遇到不幸时，就会等待三天，一切就恢复正常了。”

“等待三天”，多么平凡而又充满哲理的一种生活方式，它把烦恼和痛苦抛下，全力去收获快乐。

笑对人生，阳光会更灿烂；怨天尤人，快乐也会成为烦恼，为什么不去收获快乐而烦恼悲叹呢？

对任何不幸与痛苦都要在生活中划定一个下限，过期就让它们统统作废。

心灵处方

生活本身就是在许多的辛苦和烦恼中继续的，从痛苦中了解人生的真谛，从困难中取得生存的经验。从愁怨中得到快乐的源泉，善于超越苦难，超越自我。生活中总是会有许多阴影，为什么不把一路上的风雨，看作生活的一种色彩呢？

32. 只有一个人能帮你

有一个人，把自己多年的积蓄以及全部财产都投资到一种小型制造业上。由于对变化无常的市场把握不当，再加上前几年原料价格不断上涨等原因，他的企业垮了。再加上妻子又从原来的单位下岗，他处于绝境之中，他对自己的失败、对自己那些损失无法忘怀，毕竟那是他们半辈子的心血和汗水。好几次，他都想跳楼自杀，一死了之。

一个偶然的机会，他在一个书摊上看到了一本名为《怎样走出失败》的旧书，这本书给他带来了希望和重新振作的勇气，他决定找到这本书的作者，希望作者能够帮助他重新站起来。

当他找到那本书的作者，讲完了他自己的遭遇，那位作者却对他说："我已经以极大的兴趣听完了你的故事，我也很同情你的遭遇，但事实上，我无能为力，一点忙也帮不上。"

他的脸立刻变得苍白，低下了头，嘴里喃喃自语："这下子彻底完蛋了，一点指望都没有了。"

那本书的作者听了片刻，说："虽然我无能为力，但我可以让你见一个人，他能够让你东山再起。"

他立刻跳起来，抓住作者的手，说："看在老天爷的份上，请你立刻带我去见他。"

作者站起身，把他领到家里的穿衣镜面前，用手指着镜子说："这个人就是我要介绍给你的人。在这个世界上，只有这个人能够使你东山再起，除非你坐下来。彻底认识这个人，否则你只有跳楼了。因为在你对这个人没有充分认识以前，对于你自己或这个世界来说，你都将是没有任何价值的废物。”

他站在镜子面前，看着镜子里的那个满脸胡须的面孔，认真地看着。看着看着他哭了起来。

几个月之后，作者在大街上碰见了这个人，几乎认不出来了。他的脸不再是几十天没刮的样子，脚步也异常轻快，头抬得高高的，衣着也焕然一新，完全是一个成功者的姿态。他对作者说：“那一天我离开你家时，只是一个刚刚破产的失败者。我对着镜子找到了自信。现在我又找到一份收入很不错的工作，妻子也重新上岗，薪水也很可观。我想用不了几年，我就会东山再起。”他还风趣地对作者说：“也许再过几年，我再去找你，就会给你一份报酬，你应得的报酬。因为正是你介绍我认识了我自己，使我对人生又充满了信心。”

当一个人身处困境时，自然希望能有一个救世主来解救自己，使自己从困境摆脱出来。这自然可以理解，而且，的确有在你最困难的时候将你从困境中解救出来的贵人。但是，这建立在你必须有信心且努力获救的基础上。否则，即使万能的上帝，面对一个已彻底放弃、对自己毫无信心的人，也只能徒呼奈何。因为真正能帮你走出困境的只有一个人，那就是你自己。

其实，世界上从来就没有什么救世主，只有靠你自己，靠你的信心，靠你的努力。你就是你自己的救世主！

心灵处方

当你处于困境之中时，只有你能够使自己摆脱困难，只有你能够救自己，你是你自己的救世主。

33. 失败的通病

心理学家在一所著名的大学中选了一些运动员做实验。他们要这群运动员做一些别人无法做到的运动，还告诉他们，由于他们是国内最好的运动员，因此他们会做到的。

这群运动员分两组，第一组到了体育馆后，虽然尽力去做，但还是做不到。

第二组到体育馆后，研究人员告诉他们第一组失败了。

“但你们这一组不同。”研究人员说：“把这个药丸吃下去，这是一种新药，会使你们达到超人的水准。”

结果第二组运动员很容易地完成那些困难的练习。

“那是什么药丸？”参加者问道。

“不过是粉末而已。”

第二组之所以完成不可能的运动是因为他们相信自己能。如果你相信你能，也就能完成一切你要做的事。

一个担心被拒绝的推销商，可能就不会有勇气给新客户打电话；一个害怕失败的运动员，也可能会没有胆量上双杠。但是，一个真正的高手总是能够放下这些思想包袱的。

耐迪·考麦奈西是第一个在奥林匹克体操比赛中获得满分的运动员，他说：“我常常低估自己的水平，因为我常说：‘我能做得更好一些’，要想当奥林匹克冠军，你就得有不同凡响的地方，而且你还得比别人更吃得起苦。我不欣赏普普通通、平平庸庸的

生活。我给自己确立的生活准则是：不要企盼简单容易的生活，而要力求做一个坚强有力的人。”真正的冠军都深深懂得，任何失败，不论它有多么充分的借口，都比不上成功。“就在一个人觉得不满意，不舒服和不方便的时候，他才会得到最好的磨炼”。另一位金牌获得者彼特·维德玛这样说，“每一天，我都将自己要在体育馆里加以完成的项目列出清单来。如果我的训练能持续三个小时，那真是好极了！如果我的训练能持续六个小时，那就要感谢上帝了！如果不把这些项目完成，我决不会离开。我每天的生活目标就是这样：在每天离开体育馆的时候，我都可以说，我已经尽力而为了。”

心灵处方

错误地判断自己的能力，低估了自己的价值，这是大部分人失败的通病。

34. 不幸和幸福

米契尔曾经是一个不幸的人。

一次意外事故，把他身上65%以上的皮肤都烧坏了，为此他动了16次手术。手术后，他无法拿起叉子，无法拨电话，也无法一个人上厕所，但以前曾是海军陆战队员的米契尔从不认为他被打败了。他说："我完全可以掌握我自己的人生之船，我可以选择把目前的状况看成倒退或是一个起点。"6个月之后，他又能开飞机了！

米契尔为自己在科罗拉多州买了一幢维多利亚式的房子，另外也买了一架飞机及一家酒吧，后来他和两个朋友合资开了一家公司，专门生产以木材为燃料的炉子、这家公司后来变成佛蒙特州第二大私人公司。

在米契尔开办公司后的第4年，他开的飞机在起飞时又摔回跑道，把他胸部的十二条脊椎骨全压得粉碎，腰部以下永远瘫痪！"我不解的是为何这些事老是发生在我身上，我到底是造了什么孽？要遭到这样的报应？"

米契尔仍选择不屈不挠，丝毫不放弃，还日夜努力使自己能达到最高限度的独立自主，他被选为科罗拉多州孤峰顶镇的镇长，以保护小镇的美景及环境，使之不因矿产的开采而遭受破坏。米契尔后来也竞选国会议员，他用一句"不只是另一张小白脸"的口号，将自己难看的脸转化成一项有利的资产。

尽管面貌骇人、行动不便，米契尔却坠入爱河，且完成终身大事，也拿到了公共行政硕士，并持续他的飞行活动、环保运动及公共演说。米契尔说："我瘫痪之前可以做1万件事，现在我只能做9000件，我可以把注意力放在我无法再做的1000件事上，或是把目光放在我还能做的9000件事上，告诉大家说我的人生曾遭受过两次重大的挫折，如果我能选择不把挫折拿来当成放弃努力的借口，那么，或许你们可以用一个新的角度，来看待一些一直让你们裹足不前的经历。你可以退一步，想开一点，然后你就有机会说：'或许那也没什么大不了的！'"

不幸对于弱者是万丈深渊，对于强者却是一笔财富。它是人生之旅的太阳，珍视它，你将体验生命不朽的真谛。

心灵处方

不幸已经发生了，再怎么悲伤也无济于事，如果你选择积极的态度去面对不幸，那你将是最幸福的人。

35. 最后的日子

蓝老师是初中三年级的语文教师，他同时还担任着初三（一）班的班主任。他对这一级的学生寄予厚望，尤其是他担任班主任的这个班。这是他最后一次带毕业班。他已经 50 岁了，教了一辈子书，就要退休了，他希望这一级的学生给自己的教学生涯画上一个圆满的句号。

可是这一段时间以来，他一直感到自己力不从心，总感觉胸腔里膨胀的厉害。他似乎有一种不祥的预感。

他强忍着越来越厉害的疼痛，继续坚持上课，到了学生毕业前两个月，他在一次上晚自习辅导课时，倒在了课堂上。

躺在病床上，他从同事和家里人悲伤的表情中知道自己一定是得了绝症。他很痛苦，自己从教一生，学生的成绩一直都没有拿过顶尖的名次。这一级的学生是自己从初一带上来的，基础很扎实，加上自己这一年的调教，相信他们会给自己争气的，可是这病使他没有机会看到这一天，医生告诉他，他只有一个月的时间了。他知道在这个时候更换老师对学生是极为不利的。

“怎么就不能再给我两个月的时间呢？假如再有两个月，我就没有什么遗憾了。”他一遍遍地问自己。

突然间，他似有所悟。医生不是说我有一个月吗？那么，我还可以利用这一个月做一些有针对性的事情。他列了 20 个学生的名字，交给同事，要求每天按顺序来一个学生。这 20 个学生，他认为都是很有潜质但又有明显弱点的学生，属于只要一撒手就变成野马，一管严就浪子回头的那一类。对这些学生的特点，只有他最清楚，他必须再逐一进行点拨。不然，换老师，这些学生可能就毁了。

学生们一个个地来，蓝老师的时间在一天天地减少。

20 天过去了，20 个学生都来过了，蓝老师感到从未有过的满足。他对家人说，我没有什么遗憾了。

他突然间又想起了医生的话，一个月的时间，现在已经过了 20 天，还有 10 天呢，为什么不利用这 10 天的时间，把我一生从教经验和体会写下来呢？这不是很有用的一件事情吗？

他已经拿不起笔了。他让老伴记，他口述。他每天都坚持说三个小时。医生说，太劳累了，他应该多休息。他说，我休息做什么呢？一天天等待死亡的来临？到了第九天的时候，他终于说完了，他把一篇三万多字的教学心得，交到了校长的手里。“我的生命就要到终点了，但我没有什么遗憾。”蓝老师消瘦的脸上溢满了其他任何一个病人都没有的幸福和满足，好像他不是面临死亡，而是去赴一个美丽的约会。

心灵处方

是的，当我们无力改变一个结局的时候，我们就放弃它，换一个角度去选择。这个时候我们会发现，那个结局的意义已经全然不同了。

36. 额外的酬劳

一九九三年，正当经济危机在美国蔓延的时候，加利福尼亚的哈理逊纺织公司，因一场大火化为灰烬。三千名员工悲观地回到家里，等待着失业来临之时，却接到了董事会办公室的一封信：向全公司员工继续支薪一个月。

在全国上下经济一片萧条的时候，能有这样的消息传来，员工们深感意外。他们惊喜万分，纷纷打电话或写信向董事长亚伦·傅斯表示感谢。

一个月后，正当他们为下个月的生活发愁时，他们又接到董事会办公室发来的第二封信，董事长宣布，再支付全体员工薪酬一个月。三千名员工接到信后，不再是意外和惊喜，而是热泪盈眶。在失业席卷全国，人人生计无着落的时候，能得到如此照顾，谁不会感激万分呢？第二天他们纷纷拥向公司，自发地清理废墟、擦洗机器，还有一些人主动去联络被中断的货源。

三个月后，哈理逊公司重新运转了起来。对这一奇迹，当时的《基督教科学箴言报》是这样描述的：员工们使用浑身的解数，日夜不懈地卖力工作，恨不得一天干二十五小时。这时，劝亚伦·傅斯领取保险公司赔款一走了之和批评他感情用事、缺乏商业精神的人开始服输。现在，哈理逊公司已成为美国最大的纺织公司，它的分公司遍布五大洲的六十多个国家。

世界上任何形式的灾难，其实都是人的灾难，一旦人的灾难被化解了，希望也便降临了。

心灵处方

生活中的风浪其实是一种能源，问题在于你如何开发利用。利用好了，名利双收，反之，连老本都要输光，或许还要欠债。

37. 最后一次的机会

有一个人去求教心理医生，他抱怨道："我的生活乏味透了，真没意思。"

"那么我们做一个小小的实验吧，"医生说："我告诉你怎么做。明天一早醒来的时候，你就想象并且假装那是你还能活着的最后一天。你躺在床上，努力试着下床，同时告诉自己这是最后一次躺在柔软的床上了，也是最后一次从睡眠中醒过来了。"

"然后你下楼去吃早饭，要记住喔，那是你最后的一顿早餐。请太太替你弄一些你最爱吃的东西。不要像平常一样在餐桌上看报，反而要跟太太好好谈谈话，因为你以后再也没有这样的机会了。"

"在去车站的路上，要慢慢地走，好好看看你自己的房子，你住的小镇，也好好看看你左邻右舍的房子，因为这也是最后的一次了。上了火车，要明白那是你最后一次坐火车进城，你不喜欢的东西，也都要去瞧它一眼，因为你很快就要跟他们永远再见了。"

这个人答应了医生，要尽力去做这个实验，然后回来报告结果。

他根本没有等到第二天，马上就开始想象当天就是他的末日了。在回家的火车上，他仔细观察窗外景致，而不是像以前一样地翻阅晚报，结果他发现小镇和村庄的灯光非常迷人。真正地品尝到了坐火车的乐趣。

然后在星空之下，沿着洒满月光的街道走回家。到家门口，他不掏出钥匙开门。反而是按电铃。门打开来后，在金黄色的灯光下，站着的是结婚25年的妻子。他把太太紧紧搂住，并且给她一个生平最热烈的亲吻。

此时此地，他决定从明天起，在上帝给他的每一个日子里，都要好好地活下去。

“万念俱灰，人生乏味”你是否想就此一卧不起，从此完蛋死翘翘?

人们为了梦想，至今仍在努力实践它。同样，快乐是需要智慧获得的。

高中时一位英文老师曾对全班说了一段让我印象深刻的话：“世界上什么人最快乐？只有高度智能不足者最快乐，因为他们单纯地不明白什么叫不快乐，但是在座的各位没有这种单纯快乐的能力，所以唯一的方法，就是让自己聪明一点，懂得找寻人生的快乐!”

快乐是不能外求的，我有一位朋友十分聪明，而更让我欣赏的是他对人生的坚毅和积极乐观，他说他喜欢这样一段话：“When you are overthirty yeare old，you’ll never get older but wiser”（当你年过30岁，你永远不会再老了，只会变得更聪明）。我把这段话送给所有害怕过生日，会老一岁的朋友。

所有的才干、知识、学历都是手段，生命的终极意义其实仅是“快乐”二字。所以无论高低贵贱，每天都开心地微笑的人才是最聪明的人。

心灵处方

把我们早已厌倦做的事都当作最后一次去做，想想以后再也没有机会了，会发现以前枯燥苍茫的日子，现在变得异常亮丽珍贵起来。如果路上有绊脚石，就让它闪开，只有这样，生命的最后一天，你也能尽情地舞蹈。

38. 功夫不负苦心人

齐白石本是个木匠，靠着自学，成为画家，荣获世界和平奖金。然而，他始终不满足于已经取得的成就，不断吸取历代名画家的长处，改变自己作品的风格。他 60 岁以后的画，明显地不同于 60 岁以前。70 岁以后，他的画风又变了一次。80 岁以后，他的画的风格再度变化。据说，齐白石一生中，画风至少变了五次！即使他已 80 高龄，还每日挥毫不已。有时，来了客人或身体不适，不能作画，过后也一定补画。正因为齐白石在成功之后仍然马不停蹄，所以他晚年的作品比早期的作品更为成熟，形成了独特的流派与风格。

美籍中国物理学家丁肇中教授，因发现“J”粒子而获得 1976 年度的诺贝尔物理学奖金。他继续发奋攻关，于 1979 年又获重大成果——发现了“胶子”。他为什么能接连获胜呢？这是因为他在获奖后不但没有放松自己，反而自我加压。他每天只睡四至六小时，硬是挤出时间用在科学研究上，决不因获奖而增加社会负担或放慢前进的步伐。

面对现实，自暴自弃，甘愿人后；还不如来个“先飞”“多练”，由勤而熟，由潮而巧，通过以勤补拙，成为“巧鸟”。

生物遗传工程著名专家童第周 17 岁那年考入宁波师范学校的预科班，第 2 年后，他又考入一所教会中学。这所中学对数理化、英语课的要求很严格，而这几门功课童第周的基础最差，有的课

甚至根本没学过。当时有人讥笑他说：我保证你不出 3 个月就得回家种地。果不其然第一学期的期末考试，他的总平均成绩是 45 分，按学校规定，总平均成绩不及格的人必须退学或降级。

童第周本来比同班同学的年龄大好几岁，再降一级怎么行呢？他硬着头皮去央求校长，校长最后勉强答应让他试读半年。自此，童第周每天天不亮就悄悄爬起来在路灯下朗读英语；晚上，熄灯的铃声响了，别人睡下后，他又悄悄地来到校园的路灯下，复习当天的课程。监学被他的顽强的学习毅力打动了，破例地允许他在学校熄灯铃打过以后在路灯下学习。就这样，童第周赢得了时间，赢得了学习上的突飞猛进。第二学期的考试成绩公布了：他的总平均分超过了70分，几何还考了个百分。

童第周经过刻苦勤奋的学习，在28岁那一年终于以复旦大学生物系高材生的优异成绩留学比利时。

张博从小就酷爱学习，他嫌自己记忆力不强，为了做到博闻强记，凡是所读的书一定要亲手抄写，抄写朗诵一遍，就把它烧掉，又重新抄写，像这样要抄它六七次直到能背诵时，方才作罢。由于经常抄写，他右手握笔管的地方长成了老茧。冬天手指开裂，每天要在热水里浸好几次才能屈伸。后来他把自己的书房叫做"七录斋"。勤奋学习，坚持不懈，终于使他成为明末著名的文学家。张溥写作思路敏捷，各个地方的人向他索取诗文，他从来不打草稿，都是当着来客的面，一挥而就，因此，名噪一时。

梅兰芳在刚学戏的时候，面对一个很不利的条件——眼皮下垂，迎风流泪眼珠转动不灵活。"巧笑倩兮，美目盼兮"，唱旦角的眼睛不好，那还成吗？亲戚朋友为他顾虑，他自己也常发愁。后来，他偶然发现观察飞翔的鸽子可以使眼珠变灵活，于是他每天一早起来就放鸽子高飞，盯着它们一直飞到天际、云头，并仔细地辨认哪只是别人的，哪只是自家的，终于练就了舞台上那一双神光四射、精气内涵的秀目。

对许多人来说，笨鸟先飞或许是个很好的例子。只要多付出，不怕苦，一样可以做得很好，或许只是时间长了点罢了。

心灵处方

永不满足于已有的成就，以更大的热情去获取更大的成功，不断地给自己加压，永远不让发动机熄火，才能使自己的生命之车驶至尽可能远的奇境。

39. 你比我矮

十年前的那个周末舞会，女孩子是秀发披肩、亭亭玉立的大二学生，她像一朵六月的新莲在沸腾的舞池中，裙子翩翩飞，飘逸而芬芳。

在目光的包围和无休无止地旋转后，她累了，坐在一边休息。

这时，一个男孩走过来向她微微鞠躬。伸出手。“我可以请你跳一支舞吗？”他彬彬有礼，像一个古代的王子，让人不忍拒绝。

带着一丝疲倦，她站了起来。当两个人面对面地站在舞池中，静等音乐响起的片刻，她突然发现，那个男生竟然比她似乎还矮一点点。也许并不真的比她矮，但是女孩子觉得，如果哪个男生与她等高，那就已经是很矮了。“我比你还高哪！”女孩子轻轻悄悄地说，笑着，像小时候与小伙伴比高矮时得胜后的高兴的样子。其实是心无城府的，因为她从小便比身边所有的朋友长得高，已习惯了在与他们的比较中骄傲地笑。但眼前的男孩子并不是自己的朋友，只是舞会上偶尔邂逅的舞伴。女孩子立刻为自己的口无遮拦而后悔了。她的脸刷的一下红了。

一切发生得太快了，男孩子有点猝不及防。稍稍愣了一下，脸上的笑还来不及褪去，新的一波笑意竟浮了上来。他不愠不恼地说：“是吗？那我迎接挑战。”

后面四个字稍稍有点重。女孩子无语，歉意地笑，躲过他的目光，但却有点紧张地捕捉来自他的信息。就见他下意识地挺直

了腰胸，轻描淡写的说：“把我所发表过的文章垫在我的脚底下，我就比你高了。”原来，他也有他的骄傲。

舞会后，他们成了恋人。

后来，因为阴差阳错，他们并没能走在一起，但是，女孩却从来没有忘记过他，没有忘记当年在拜会上的那一幕情景，尤其是那两句不卑不亢的话：“我要迎接挑战。”“把我所发表的文章垫在我的脚底下，我就比你高了。”

人要正视自己的生理缺陷，一个人心理的健康才是最大的富有。

心灵处方

很佩服男孩的勇气，也被他的自信所感动。在这世界上没有十全十美的人，如果能笑面残缺，那么残缺反而成了美的陪衬。

40. 一招致胜

有一个十岁的小男孩，在一次车祸中失去了左臂，但是他很想学柔道。

最终，小男孩拜一位日本柔道大师做了师傅，开始学习柔道。他学得不错，可是练了三个月，师傅只教了他一招，小男孩有点弄不懂了。

他终于忍不住问师傅："我是不是应该再学学其他招术？"

师傅回答说："不错，你的确只会一招，但你只需要会这一招就够了。"

小男孩并不是很明白，但他很相信师傅，于是就继续照着练了下去。

几个月后，师傅第一次带小男孩去参加比赛。小男孩自己都没有想到居然轻轻松松地赢了前两轮。第三轮稍稍有点艰难，但对手还是很快就变得有些急躁，连连进攻，小男孩敏捷地施展出自己的那一招，又赢了。就这样，小男孩迷迷登登地进入了决赛。

决赛的对手比小男孩高大、强壮许多，也似乎更有经验。有一度小男孩显得有点招架不住，裁判担心小男孩会受伤，就叫了暂停，还打算就此终止比赛，然而师傅不答应，坚持说，"继续下去！"

比赛重新开始后，对手放松了戒备，小男孩立刻使出他的那一招，制服了对手，由此赢了比赛，得了冠军。

回家的路上，小男孩和师傅一起回顾每场比赛的每一个细节，小男孩鼓起勇气道出了心里的疑问："师傅，我怎么就凭一招就赢得了冠军？"

师傅答道："有两个原因：第一，你几乎完全掌握了柔道中最难的一招；第二，就我所知，对付这一招唯一的办法是对手抓住你的左臂。"

有的时候，人的劣势未必就是劣势，可能反而成了优势。

所以，小男孩最大的劣势变成了他最大的优势。

心灵处方

小男孩的劣势反而成了他致胜的巨大优势，如果你不把天然的残缺当作逃避现实的理由，那么它反而有可能成为你获得成功的资本。

41. 快乐就在你身边

有个叫非恩豪芬的博士，利用几年的时间，对48个国家进行调查。调查的课题是关于快乐。也许你会觉得此项举动有点多余，甚至有点蠢钝。首先，日本人平均寿命79.5岁，长寿年龄居世界前位，如此延年益寿，一定有快乐的因素；其次，富豪之国美利坚呼风唤雨，耀武扬威，一定不缺乏快乐源泉。

结果呢，真令人大吃一惊。世界上最快乐的国家是冰岛，美国仅位居第十。

翻开地图就会发现，冰岛位于欧洲北部的北大西洋中，离北极圈很近。这样一个阳光不沛，物质不丰，覆盖着冰与火的国家，竟然是世界上最快乐的地方。

也许恶劣的环境、艰难的生存造就了冰岛人友爱、坦诚、善良的心地，也许快乐的因素各有千秋，但至少有一点可以断定，快乐并非建筑在物质基础之上。快乐就像博大而又仁慈的太阳，不分贵贱地恩赐到每个人的身上。

有一种东西往往被我们忽略，这种东西叫快乐。

有一则童话讲蚂蚁。小蚂蚁看见蜜蜂在花丛中采蜜，非常羡慕，看见一头大象在森林中搬运木头，也非常羡慕。蚂蚁被人踩在脚底，不能飞，又没有力气；多可怜！蚂蚁思前想后，伤心欲绝。谁知，蜜蜂和大象倒向蚂蚁前来诉苦，要辛苦地采蜜，要吃力地搬运，日子不好过，做个蚂蚁该多好，自由自在地爬山过沟。

蚂蚁终于懂得，谁都拥有快乐，快乐就藏在身边。

心灵处方

快乐就是阳光，它毫不吝啬，不分贵贱地洒在每个人身上。生活中，我们常常抱怨没有快乐，也找不到快乐。其实，我们每个人都拥有快乐，它就藏在你身边。只是你自己把它忽略了。

42. 从头再来

明朝末年时，史学家谈迁经过二十多年呕心沥血的写作，终于完成明朝编年史——《国榷》。

面对这部可以流传千古的巨著，谈迁心中的喜悦可想而知。然而，他没有高兴多久，就发生了一件意想不到的事情。

一天夜里，小偷进他家偷东西，见到家徒四壁，无物可偷，以为锁在竹箱里的《国榷》原稿是值钱的财物，就把整个竹箱偷走了。从此，这些珍贵的稿子就下落不明。

二十多年呕心沥血转眼之间化为乌有，这样的事情对任何人来说，都是致命的打击。对年过六十、两鬓已开始花白的谈迁来说，更是一个无情的重创。可是谈迁很快从痛苦中崛起，下定决心再次从头撰写这部史书。

谈迁又继续奋斗十年后，又一部《国榷》重新诞生了。新写的《国榷》共一百零四卷，五百万字，内容比原先的那部更翔实精彩。谈迁也因此留名青史、永垂不朽。

英国史学家卡莱尔也遭遇了类似谈迁的厄运。

卡莱尔经过多年的艰辛耕耘，终于完成了《法国大革命史》的全部文稿。他将这本巨著的底稿全部托付给自己最信赖的朋友米尔，请米尔提出宝贵的意见，以求文稿的进一步完善。

隔了几天，米尔脸色苍白、上气不接下气地跑来，万般无奈地向卡莱尔说出一个悲惨的消息：《法国大革命史》的底稿，除了少数几张散页外，已经全被他家里的女佣当作废纸，丢进火炉里烧为灰烬了。

卡莱尔在突如其来的打击面前异常沮丧。当初他每写一章，便随手把原来的笔记、草稿撕得粉碎。他呕心沥血撰写的这部《法国大革命史》，竟没有留下任何可以挽回的记录。

但是，卡莱尔还是重新振作起来。他平静地说：“这一切就像我把笔记簿拿给小学老师批改时”，教师对我说：“不行！孩子，你一定要写得更好些！”

他又买了一大沓稿纸，从头开始了又一次呕心沥血的写作。我们现在谈到的《法国大革命史》，便是卡莱尔第二次写作的成果。

当无事时，应像有事时那样谨慎；当有事时，应像无事时那样的镇静。因为在漫长的旅途中，实在是难以完全避免崎岖和坎坷。只要出现了一个结局，不管这结局是胜还是败，是幸运还是厄运，客观上都是一个崭新的从头再来。

心灵处方

厄运能给你一个证明你是否坚强的机会。勇敢地穿过痛苦这条幽深的隧道，走到尽头时必是一片明媚的阳光。

43. 苦难后退

有个年轻人，有一天，因心情不好，他走出家门，漫无目的地到处闲逛，不知不觉间来到了森林深处。在这里他听到了婉转的鸟鸣，看到了美丽的花草，他的心情渐渐好转，他徜徉着，感受着生命的美好与幸福。忽然，他的身边响起了呼呼的风声，他回头一看，吓得魂飞魄散，原来是一头凶恶的老虎正张牙舞爪地扑过来。他拔腿就跑，跑到一棵大树下，看到树下有个大窟窿，一棵粗大的树藤从树上深入窟窿里面，他几乎不假思索，抓住树藤就滑了下去，他想，这里也许是最安全的，能躲过劫难。

他松了口气，双手紧紧地抓住树藤，侧耳倾听外边的动静，并时不时伸出头去看看。那只老虎在四周踱来踱去，久久不肯离去。年轻人悬着的心又紧张起来，他不安地抬起头来，这一看又叫他吃了一惊，一只坚牙利齿的松鼠在不停地咬着树藤，树藤虽然粗大，可经得住松鼠咬多久呢？他下意识地低头看洞底，真是不得了！洞底盘着四条大蛇，一齐瞪着眼睛，嘴里摇卷着长长的芯子。恐惧感从四面八方袭来，他悲观透了。爬出去有老虎，跳下去有毒蛇，上不得，也下不得，想这么不上也不下吧，却有那只松鼠在咬树藤，他甚至已经听到了树藤被咬之处咯巴咯巴欲断未断的响声。

年轻人想：悬挂不动已不可能，树藤已不让你悬了；跳下去

也绝无生路，那是个死胡同，连逃的地方都没有；可是外面呢，有可怕的老虎，但也有鸟鸣，有花香。年轻人想，难道这就是人生的宿命？冥冥之中，他听到一个声音在喊：“别怕，跑吧。”于是他不再作多余的考虑，一把一把向上攀登，他终于爬到了地面，看到那只老虎在树底下闭目养神（是的，苦难也有闭上眼睛的时候），他瞅住这个机会，拔腿狂奔，终于摆脱了老虎，安全回到了家。

人生有绝境，同样也有绝处逢生，只要你不放弃，就有希望。有了希望，任何苦难都会悄然后退，给你让出一条生路。

心灵处方

每个人的人生中，都难免有面临绝境的时候，绝境并不可怕，可怕的是放弃希望和努力，如果身陷绝境不想灭亡，那就勇敢地从绝境中冲出。

44. 接受不幸的人

威尔逊先生是一位成功的商业家，他从一个普普通通的事务所小职员做起，经过多年的奋斗，终于拥有了自己的公司、办公楼，并且受到了人们的尊敬。

这一天，威尔逊先生从他的办公楼走出来，刚走到街上，就听见身后传来“嗒嗒嗒”的声音，那是盲人用竹竿敲打地面发出的声响。威尔逊先生愣了一下，缓缓地转过身。

那富人感觉到前面有人，连忙打起精神，上前说道：“尊敬的先生，您一定发现我是一个可怜的盲人，能不能占用您一点点时间呢?”

威尔逊先生说：“我要去会见一个重要的客户，你要什么就快说吧。”

盲人在一个包里摸索了半天，掏出一个打火机，放到威尔逊先生手里，说：“先生，这个打火机只卖一美元，这可是最好的打火机啊。”

威尔逊先生听了，叹口气，把手伸进西服口袋，掏出一张钞票递给盲人：“我不抽烟，但我愿意帮助你。这个打火机，也许我可以送给开电梯的小伙子。”

盲人用手摸了一下那张钞票，竟然是一百美元！他用颤抖的手反复抚摸这钱，嘴里连连感激着：“您是我遇见过的最慷慨的先生！仁慈的富人啊，我为您祈祷！上帝保佑您!”

威尔逊先生笑了笑，正准备走，盲人拉住他，又喋喋不休地说：“您不知道，我并不是一生下来就瞎的。都是二十三年前布尔顿的那次事故！太可怕了！”

威尔逊先生一震，问道：“你是在那次化工厂爆炸中失明的吗？”

盲人仿佛遇见了知音，兴奋得连连点头：“是啊是啊，您也知道？这也难怪，那次光炸死的人就有九十三个，伤的人有好几百，可是头条新闻哪！”

盲人想用自己的遭遇打动对方，争取得到更多的一些钱，他可怜巴巴地说了下来：“我真可怜啊！到处流浪，孤苦伶仃，吃了上顿没下顿，死了都没有人知道！”他越说越激动，“你不知道当时的情况，火一下子冒了出来！仿佛是从地狱中冒出来的！逃命的人群都挤在一起，我好不容易冲到门口，可一个大个子在我身后大喊：‘让我先出去！我还年轻，我不想死！’他把我推倒了，踩着我的身体跑了出去！我失去了知觉，等我醒来，就成了瞎子，命运真不公平啊！”

威尔逊先生冷冷地道：“事实恐怕不是这样吧？”

盲人一惊，用空洞的眼睛呆呆地对着威尔逊先生。

威尔逊先生一字一顿地说：“我当时也在布尔顿化工厂当工人，是你从我的身上踏过去的！你长得比我高大，你说的那句话，我永远都忘不了！”

盲人站了好长时间，突然一把抓住威尔逊先生，爆发出一阵大笑：“这就是命运啊！不公平的命运！你在里面，现在出人头地了，我跑了出去，却成了一个没有用的瞎子！”

威尔逊先生用力推开盲人的手，举起了手中一根精致的棕榈手杖，平静地说：“你知道吗？我也是一个瞎子。你相信命运，可是我不信。”

接受不幸、屈服命运的人，最终会成为命运的奴隶。纵然遭遇不幸，却能积极地挑战不幸，不屈服命运的人，才能在不幸的基础上获得成功。

只有接受不幸的人，才是真正不幸的人。

心灵处方

把不幸当作包袱，它会压弯你的腰，把不幸当作奋进的阶梯你会拾级而上走向世功的殿堂。

45. “不合格”的球员

汤姆·邓普西生下来的时候只有半只左脚和一只畸形的右手，父母从不让他因为自己的残疾而感到不安。结果，他能做到任何健全男孩所能做的事：如果童子军团行军 10 里，汤姆也同样可以走完 10 里。

后来他学踢橄榄球，他发现，自己能把球踢得比在一起玩的男孩子都远。他请人为自己专门设计了一只鞋子，参加了踢球测验，并且得到了冲锋队的一份合约。

但是教练却尽量婉转地告诉他，说他“不具备做职业橄榄球员的条件”，请他去试试其他的事业。最后他申请加入新奥尔良圣徒球队，并且请求教练给他一次机会，教练虽然心存怀疑，但是看到这个男子这么自信，对他有了好感，因此就收了他。

两个星期之后，教练对他的好感加深了，因为他在一次友谊赛中踢出了 55 码并且为本队挣得了分。这使他获得了专为圣徒队踢球的工作，而且在那一季中为他的球队挣得了 99 分。

他一生中最伟大的时刻到来了。那天，球场上坐了六万六千名球迷。球是在 28 码线上，比赛只剩下了几秒钟。这时球队把球推进到 45 码线上。“邓普西，进场踢球。”教练大声说。

当汤姆进场时，他知道他的队距离得分线有 55 码远，那是由巴第摩尔雄马队毕特·瑞奇踢出来的。球传接得很好，邓普西一脚全力踢在球身上，球笔直在前进。但是踢得够远吗？六万六千名球迷屏住气观看，球在球门横杆之上几英寸的地方越过，接着终端得分线上的裁判举起了双手，表示得了 3 分，汤姆队以 19 比

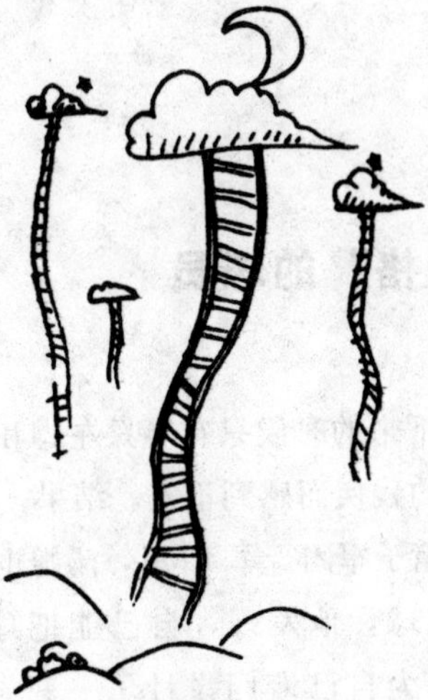

17获胜。球迷狂呼乱叫为踢得最远的一球而兴奋，因为这是只有半只左脚和一只畸形的手的球员踢出来的！

“真令人难以相信！”有人感叹道，但是邓普西只是微笑。他想起他的父母，他们一直告诉他的是他能做什么，而不是他不能做什么。他之所以创造这么了不起的纪录，正如他自己说的：“他们从来没有告诉我，我有什么不能做的。”

汤姆·邓普西是一个“不合格”的球员，却创下了最好的成绩。他是强者，在强者的宝典里没有“不可能”三个字。

心灵处方

大多时候，人生中的许多事情我们是能够做到的，只是我们不知道自己能做到；如果我们尝试并坚持做下去，就一定能够做到，而且一定会做好。所以不幸并非都令人悲哀，它往往是催化剂，给强者以力量。

46. 哥伦布探险

我们来看看探险之王哥伦布的传奇。

哥伦布发现美洲，是历史上的一件大事。

哥伦布年轻的时候，曾经过着海盗生活，这不是值得惊奇的事。因为当年一些良好的家庭，都愿意把孩子送到海盗船上去工作，使孩子可以增长一点见闻，尝尝人生，而且还可以多赚一点钱。

在他们看来，这种事情不被官方捉住，也就无所谓羞耻与卑贱，要是不幸被逮着了，也只好自叹命运不济了。

哥伦布还在求学的时候，偶然读到一本毕达哥拉斯的著作，知道地球是圆的，他就牢记在脑子的。经过很长时间的思考和研究后，他大胆地提出，如果地球真是圆的，他便可以经过极短的路而到达印度。

许多有常识的大学教授和哲学家们都取笑他的想法。因为，他想向西方行驶而达到东方的印度，岂不是傻人说梦话吗？

他们告诉他：地球不是圆的，而是平的，然后又警告道，你要是一直向西航行，你的船将驶到地球的边缘而掉下去……这不是等于走上自杀之途吗？

然而，哥伦布对这个问题很有自信，只可惜他家境贫寒，没有钱让他实现这个冒险的理想，他想从别人那儿得到一点钱，助他成功，但一连空等17年，还是失望，所以他决定不再向这个

“理想”努力了。

因为使他忧虑和失望的事太多了，竟使他的红头发完全变白了——当时他还不到50岁。灰心的哥伦布，这时只想进西班牙的修道院，去度过后半生。正在这时候，罗马教皇却怂恿西班牙皇后伊莎贝露帮助哥伦布。教皇先送给哥伦布65元，算是路费。但他自觉衣服过于褴褴，便用这些钱买了一套新装和一匹驴子，然后启程去见伊莎贝露，沿途穷得竟以乞讨糊口。皇后赞赏他的理想，并答应赐给他船只，让他去从事这项冒险的活动。

困难是水手们都怕死，没有人愿意跟随他去，于是哥伦布鼓起勇气跑到海滨，捉住了几位水手，先向他们哀求，接着是劝告，最后用恫吓手段逼迫他们去。

另一方面他又请求女皇释放了狱中的死囚，答应这些死囚如果冒险成功，就免罪恢复他们自由。一切准备妥当，1492年8月，哥伦布率领三艘帆船，开始了一个划时代的航行。

航行没几天，就有两艘船坏了，接着剩下的一艘船又在几百平方公里的海藻中陷入了进退两难的险境。哥伦布亲自拨开海藻，才使船得以继续航行。

在浩瀚无垠的大西洋中航行了67天，也不见大陆的踪影，水手们都失望了。他们要求返航，否则就要把哥伦布杀死。哥伦布用鼓励和强压手法，总算说服了船员。

天无绝人之路，在继续前进中，哥伦布忽然看见有一群飞鸟向西南方向飞去，他立即命令改变航向，紧跟这群飞鸟。因为他知道海鸟总是飞向有食物和适应它们生活的地方，所以他预料到附近可能有陆地。果然哥伦布很快发现了美洲新大陆。

当他们返回欧洲报喜的时候，又遇上了四天四夜的大风暴，船只面临沉没的危险。在十分危急的时候，哥伦布想到的是如何使世界知道他的新发现，于是他将航行中所见到的一切写在羊皮纸上，用蜡布密封后放在桶内，准备在船毁人亡后，使自己的发现能够留在人间。哥伦布他们总算很幸运，终于脱离危险，胜利返航了。

哥伦布的探险成功了。

当水手们退缩的时候，只有哥伦布还要勇往直前；当水手们恼羞成怒警告他再不折回，便要叛变杀了他时，他的回复还是那一句话：前进啊！前进！

可惜哥伦布甚至不知道自己发现的是美洲新大陆，他还以为，自己只不过是发现了一条到达印度的新航路而已，所以把美洲红皮肤的土人，也称呼为“印度”。他那种无畏、勇敢和坚持到最后一秒钟的精神，真值得作为我们的模范。

心灵处方

有理想的人能在逆境中看到希望，在黑暗中看到光明。因为他知道逆境只是过渡，黑暗也只是一时的过程，坚持到最后，就能欣赏日出的美。

47. 乌龟赴宴

一天，在一棵古老的橄榄树下，乌龟听见一只长得很漂亮的雄鸽子说，狮王 28 世要举行婚礼，邀请所有的动物都去参加庆典。既然狮王 28 世邀请所有的动物都去参加庆典，那我是动物，我也应该去！乌龟心里想。

它上路了。在路上它碰见了蜘蛛、蜗牛、壁虎，还有一大群乌鸦。它们先是发愣，然后规劝并嘲笑说："乌龟呀乌龟，不是我们说你，这一个非常简单的道理你都不懂，婚礼马上就要举行，可你爬得这么慢，你能赶上吗？别说婚宴早结束，洞房也已闹完，等你赶到，恐怕生下的小孩也已经长大成人可以举行婚礼了。"

但乌龟执意前行。

许多年后，乌龟终于爬到了狮王洞口。只见洞口到处张灯结彩，各类动物也几乎应有尽有。这时快活的小金丝猴告诉它说："今天，我们在这里庆祝狮王 29 世的婚礼。"

如果乌龟听了别人的规劝后回头，又怎能赶上 29 世的婚礼呢？

再来看看日本的金栗志藏。1912 年，日本选手金栗志藏在斯德哥尔摩奥运会的马拉松赛跑中，由于体力不支，中途昏倒，放弃比赛。1966 年，76 岁高龄的金栗志藏到瑞典旧地重游。他从当时退出比赛的地点，稳步向终点斯德哥尔摩奥林匹克运动场走去，终于完成了当年的未尽之功。至此，他的马拉松成绩为 54 年 8 个月 6 天 8 小时 32 分 20 秒。

面对向他表示祝贺的瑞典记者，金栗志藏意味深长地说：“尽管我比对手落后了半个多世纪，但我最后还是抵达了终点。”

坚持不懈，最后就会有一个圆满的结果。在前行的道路上，你我都没有权利嘲笑那些不断前进的人，因为成功就在于他们不懈地前行，因此我们只有尊重与学习，别无选择。

心灵处方

无论在什么时候，只要有坚强的意志，就会有成功的希望。生活中，难道我们不应该向那一只乌龟学习吗？

第三章

透视生活　感悟心灵

1. 乞丐的智慧

14 岁那年，我搭便车离开得克萨斯的休斯敦，我在追寻着我的梦想，头顶艳阳，到处漂泊，置身于江湖风波的浪尖，先到加州，后又来到夏威夷。

快到爱坡索地区的时候，我在街道拐角碰到一个老头，是个讨饭的。他看我行色匆匆，就叫我停下来向我发问。他问我是不是从家里偷跑出来的。我告诉他说根本不是的，因为是爸爸开车把我送到休斯敦的高速公路上，爸爸还为我祈祷说："儿子，追逐你的梦想和憧憬非常重要。"

那个乞丐说要为我买杯咖啡，我说："不，先生，我想来点苏打水。"我们走到拐角处的啤酒店，坐在一对转椅上，喝着饮料聊了几分钟之后，这个友善的乞丐要我跟着他，他说有重要的东西要给我看并与我一同分享。我们穿过几个街区来到爱坡索市立图书馆。

老乞丐先把我领到一个座椅旁，让我稍等片刻，他要在书架中找到那些特别的东西。不多一会儿，他怀里抱着几本旧书回来了。他把旧书放在桌上，在我身边坐下来开始发话。起头的几句意义非凡的话改变了我的生活。他说道：“我要教你两件事，小伙子，他们是：

第一，切记不要从封面判断一本书的好坏，因为封面会蒙骗人。”

他接着说：“我敢打赌你认为我是个叫花子，是不是，小伙子？”

我说：“是的，我猜你是的，先生。”

“小伙子，我想你会大吃一惊的，我是世界上最有钱的人。人们想要的东西我都有。但一年前，我的妻子死了，自那之后我开始沉思反省生活的意义。我认识到生活中的许多东西我都还没有体验过，比如做一个沿街乞讨的叫花子。我于是决定做上一年叫花子。所以，嘿，不要以貌取人，那会受骗的。”

“第二是学会如何读书，小伙子。因为只有一种东西别人无法从你身上拿去，那就是智慧。”

说到这，他伸出手握住我的右手，把刚从架上抽出的书放在我的手上。那是柏拉图和亚里士多德的著作——从古到今的不朽经典。

我会永远铭记心中。

心灵处方

学会正确地判断与增强智慧是一个人的立世之本，但并非每个人都能拥有，我们每个人都需不断追求它们，成功与否，要看我们能否始终拥有一种向上的信念。

2. 金钱之外的东西

一个欧洲观光团来到非洲一个叫亚米亚尼的原始部落。部落里有位老者，穿着白袍盘着腿安静地在一棵菩提树下做草编。草编非常精致，它吸引了一位法国商人。他想：要是将这些草编运到法国，巴黎的女人戴着这种小圆帽和挎着这种草编的花篮，将是多么时尚多么风情啊！想到这里，商人激动地问：这些草编多少钱一件？

“10 比索。”老者微笑着回答。

天哪！这会让我发大财的，商人欣喜若狂。

“假如我买 10 万件一模一样的草篮，那你打算每一件优惠多少钱？”

“那样的话，就得要 20 比索一件。”

“什么？”商人简直不敢相信自己的耳朵！他几乎大喊着问：“为什么？”

“为什么？”老者也生气了，“做 10 万件一模一样的草帽和 10 万个一模一样的草篮，它会让我乏味死的。”

商人还是不能理解，因为在追逐财富的过程中，许多现代人忘了生命里金钱之外的许多东西。或许，那位荒诞的亚米亚尼老者才真正参悟了人生的真谛。

心灵处方

人生需要金钱，更需要快乐，有了金钱也许会有更多的快乐，但用快乐去换取金钱可能就不值得了。

3．解读美洲虎的孤独

美洲虎是一种濒临灭绝的动物，现在世界上仅存17只，其中有一只生活在秘鲁的国家动物园里。

为了保护这只虎，秘鲁人从大自然里单独圈出一块地来，让它自由地生存。参观过虎园的人都说，这儿真是虎的天堂，里面真山真水，山上花木葱茏，山下溪水潺潺。一千五百英亩的草地上，有成群的牛、羊、鹿、兔供老虎享用。然而，奇怪的是，从没人见过老虎捕捉他们，也没人见过它威风凛凛地从山上冲下来。人们唯一见到的情景是它躺在装有空调的虎房里，吃了睡，睡了吃。

有些市民认为它太孤独了。你想，一只虎，没有爱情，没有伴侣，怎么能有精神呢？于是大家自愿集资，然后通过外交渠道，与哥伦比亚和巴拉圭达成协议，定期从他们那儿租雌虎来陪它生活。

然而，这项人道主义之举，并未带来多大的改观，那只老虎最多陪外来女友走出虎房，到阳光下站一站，不久就又回到它卧着的地方。人们不知道它还有什么不满足的地方。

一天，一位来此参观的市民说，它怎么能不懒洋洋的，虎是林中之王，你们放一群只知吃草的小动物，能提起它的兴趣吗？这么大的一个老虎保护区，你们不放两只狼，至少也得放一只豹子吧。人们听他说的有理，就捉了三只美洲豹投进了虎园。

这一招果然灵验。自从三只豹子进了虎园，美洲虎再也没有回过虎房，它不是站在山顶长啸，就是冲下山来，在草地上游荡。它不再睡觉，不再吃管理员送来的肉。没多久，它还让巴拉圭的一只雌虎下了一只小虎崽。

心灵处方

一个没有对手的动物，一定是死气沉沉的动物；一个人、一个团体、一个组织如果没有了对手也一定会走向怠惰和没落；同样，一个没有对手的民族必定成为一个不思进取的民族。

4. 永不休息的鬼

一个过路的人大起胆子去问一个卖鬼的外乡人："你的鬼，一只卖多少钱？"

外乡人说："一只要200两黄金！"

"你这是搞什么鬼？要这么贵！"

外乡人说："我这鬼很稀有的。它是只巧鬼。任何事情只要主人吩咐，全都会做。又是只工作鬼，很会工作，一天的工作量抵得100人。你买回去只要很短的时间，不但可以赚回200两黄金，还可以成为富翁呀！"

过路的人感到疑惑："这只鬼既然那么好，为什么你不自己使用呢？"

外乡人说："不瞒您说，这鬼万般好，唯一的缺点是，只要一开始工作，就永远不会停止。因为鬼不像人，是不需要睡觉休息的。所以您要24小时，从早到晚把所有的事吩咐好，不可以让它有空闲，只要一有空闲，它就会完全按照自己的意思工作。自己家里的活儿有限，不敢使这只鬼，才想把它卖给更需要的人！"

过路人心想自己的田地广大，家里有忙不完的事，就说："这哪里是缺点，实在是最大的优点呀！"

于是花200两黄金把鬼买回家，成了鬼的主人。

主人叫鬼种田，没想到一大片地，两天就种完了。

主人叫鬼盖房子，没想到三天房子就盖好了。

主人叫鬼做木工装潢，没想到半天房子就装潢好了。

整地、搬运、挑担、舂磨、炊煮、纺织。不论做什么，鬼都会做，而且很快就做好了。

短短一年，鬼主人就成了大富翁。

但是，主人和鬼变得一样忙碌，鬼是做个不停，主人是想个不停。他劳心费神地苦思下一个指令，每当他想到一个困难的工作，例如在一个核桃核里刻 10 艘小舟，或在象牙球里刻 9 个象牙球，他都会欢喜不已，以为鬼要很久才会做好。

没想到，不论多么困难的事，鬼总是很快就做好了。

有一天，主人实在撑不住，累倒了，忘记吩咐鬼要做什么事。

鬼把主人的房子拆了，将地整平，把牛羊牲畜都杀了，一只一只种在田里。将财宝衣服全部舂碎，磨成粉末。再把主人的孩子杀了，丢到锅里炊煮……

正当鬼忙得不可开交，主人从睡梦中惊醒，才发现一切都没有了。原来，永远不停止地工作，真是可怕呀！

心灵处方

别以为不停地工作是一种成功的前兆，是一种人生的优点。其实，生活中工作与休息是相得益彰的，而且工作的同时，还需要有时间思考。

5. 一条漂亮鱼的梦想

一条鱼，生活在大海里，总感到没有意思，一心想找个机会离开大海。一天，它被渔夫打捞上来，高兴得在网里摇头摆尾，“这回可好啦！总算逃出了苦海，可以自由呼吸了。”乐得直蹦高……

它蹦得的确很高。当听到渔夫与他儿子议论着用什么方法将它烹饪的时候，它重重的摔了下来，很严重，它昏了。

醒来时，发现自己竟仍在水中。一口破旧的水缸，它那身漂亮的斑纹救了它。渔夫决定将它养下，少吃一条鱼实在无所谓，何况它是一条多么美丽的鱼哇！

鱼欢畅地游来游去，在那只破水缸里。缸很小，太小了，可它仍不停下。一口水缸，和一条漂亮的鱼，快乐的鱼。

每天，渔夫总会往水缸里放些鱼虫，鱼很高兴，不停晃动身子，展示漂亮的服饰，讨渔夫欢喜。渔夫真的乐了，又撒下一大把鱼虫，鱼大口地吃着，累了则可以停下，打个盹。鱼儿开始庆幸自己的美妙命运，庆幸现在的生活，庆幸自己一身花衣。想到当初在海中，每天不得不自己出去寻找食物，还得时时提防天敌的突然袭击。那些朋友可能已几天没吃过东西，也可能已成了他人腹中之物。想到这，它大口咽下一群鱼虫，自言自语道：这才是生活。

在它眼中，这分明是一条漂亮鱼应得的待遇。

日子一天一天的过，鱼儿一天一天的游。似乎有些厌倦，但再也不愿回到海了。“我是一条漂亮鱼”，它总这么对自己说。

渔夫要出海了，这次可是出远海，十天半月才能回家。留下儿子一人。第一次，鱼没按时吃到鱼虫。第二天，依然没有吃的，他开始抱怨渔夫儿子这样怠慢一条漂亮鱼。第三天，他渐渐支持不住，饿得发慌。想到在海中，十大找不到食物，它依然行动敏捷，现在身子是发了福，游水的本领已大不如前了。第四天，终于有吃的了，不是鱼虫，而是渔夫儿子吃剩的残羹。顾不上嫌弃，鱼大嚼起来。它实在不行了。渔夫儿子总是隔三差五地送些残羹。鱼儿抱怨不停。

终于，消息传来，渔夫出海遇难了。渔夫儿子收拾了东西搬走了。什么都带上，只忘了那条漂亮鱼。鱼在缸里大喊：“嗨！带上我，别丢下我！”没人理它。

四周静悄悄，只剩下一口破水缸，破水缸里有一条漂亮鱼。

鱼很悲伤。想到昔日渔夫待它实在不薄，现在却遇难身亡，它十分悲伤。想到自己今后，无人照料，困于水缸。

鱼抱怨，抱怨水缸太小，抱怨伙食太差，抱怨渔夫儿子对它无礼，抱怨渔夫轻易出海，甚至抱怨它决意离开大海时伙伴们为何不加劝阻，抱怨它所认识的一切，只忘了抱怨它自己。

它又开始幻想。一个富商路过此处，发现一条漂亮鱼，于是把它小心地收好，养在家中的大水塘，每天都有可口的鱼虫……

太阳升起来了，四周静悄悄，只剩下一口破水缸，一条漂亮的鱼，死鱼。

真的，很漂亮。

心灵处方

生活就是这样，你可以在属于你自己的空间里自由翱翔。任何爱慕虚荣，幻想在别人的世界里幸福的人，永远找不回自己真正的生活，也就是将被生活的浪涛淘汰。

6. 良知簿

传说著名高僧一灯大师，藏有一盏“人生之灯”，灯芯镶着一颗历时500年在千尺海下育出的硕大的夜明珠。得灯者受到珠光普照，便会品性高洁，备受世人敬重。

于是，他的3个弟子跪拜求教怎样才能得此稀世珍宝。一灯大师说，世人可分三品：时常损人利己者为下品，因其心灵已落满灰尘；偶尔损人利己者为中品，心儿红、白相浸，如立悬崖之边；终生不损人利己者为上品，情清心洁，为世人所敬。人心本是水晶之体，容不得灰尘缠绕。所以，红尘中人常要擦抹，方可进得品位。

大师给3个弟子各发一本“良知簿”。嘱其分头下山化斋与世人交往时凡做损人利己之事都要详记下来，每记一笔视为心灵除尘一次。10年后持“良知簿”回来见他，由大师亲阅评定宝灯得主。10年后，3人回来见大师，门人告之说大师出游需耐心等待。在等待大师的日子里，3人不断地看自己的“良知簿”，回味上面记下的大大小小的损人利己行为。后又相互传阅，相互评鉴，进而反思、自责。终有一日，3人忽然醒悟，那盏“人生之灯”本就挂在自己的心里。心灵没有灰尘，就能华光闪烁……

人的心灵是一座“库房”，每个人的所言所行，不管是否愿意，都要一次不少地真实地存放在里边。面对世人，敢敞开自己心灵“库房”的门窗，经得起他人的查看，人的一生就能高挺着自己的脊梁，活得堂堂正正。

心灵处方

人生最完美的结局，不是拥有多少金钱和物资，也不是创下多少家产大业。更不是如何威名远扬，而是在走的时候，能带着一颗干净的心，那样，生命之灯便永不熄灭。

7. 爱恨之间

故事一

秀秀考上大学后，因家庭贫困准备辍学去打工，是一对老年夫妇向她伸出了援助之手，一直供她到大学毕业。秀秀发誓今后做牛做马也要报答二老的恩情。毕业后，秀秀像孝顺的女儿一样不断给二老汇钱，经常打电话问候。

这一年，老头得了尿毒症，秀秀倾其所有汇去了 5 万元（这已是她当年上大学费用的两倍）。然而昂贵的医药费使两位老人很快变得赤贫，秀秀也因此背上了沉重的包袱。不堪重负的秀秀终于在将借来的 3 万元钱最后汇出后，便从此消失了。两位老人再也找不到她的踪迹。

故事二

唐家和李家本是邻居，因为一块宅基地而发生纠纷。争斗中，唐家男人被李家打伤了一条腿，从此两家成为世仇。因为李家势

大，唐家屡屡吃亏，唐家女人因此虔诚信佛，日日在佛前祈祷，希望李家天降灾祸，家破人亡。不可思议的事竟真的发生了。先是李家男人得绝症而亡，接着，一场莫名其妙的大火又将李家烧了个精光，最后李家女人也疯了，只留下一个 13 岁的男孩和一个 10 岁的女孩艰难度日。开始，唐家人幸灾乐祸，觉得真是老天有眼，渐渐地唐家人内心越来越不安，每当看见两个孩子拖着瘦小的身躯在田里艰难劳作时，唐家女人又会偷偷掉泪。后来，唐家男人经常趁着月夜帮李家孩子犁田，唐家女人也会在夜里悄悄地为李家割稻。

心灵处方

很多时候，我们总认为自己心里有爱便能涌泉相报，鞠躬尽瘁；心里有恨便是你死我活不共戴天。其实，爱和恨都有一个底线，一切恩怨都有底线内演绎。一触及底线，爱恨便会拐弯回头，一旦有谁突破了底线，他不是大圣，便成大恶。

心灵驿站

8. 豁达人生

幸福的人只记得一生中满足之处，不幸的人只记得相反的内容。

三伏天，禅院的草地枯黄了一大片。“快撒点草种子吧！好难看哪！”小和尚说。“等天凉了。”

师父挥挥手：“随时！”

中秋，师父买了一包草籽，叫小和尚去播种。

秋风起，草籽边撒、边飘。“不好了！好多种子都被吹飞了。”小和尚喊。

“没关系，吹走的多半是空的，撒下去也发不了芽。”师父说：“随性！”

撒完种子，跟着就飞来几只小鸟啄食。“要命了！种子都被鸟吃了！”小和尚急得跳脚。

“没关系！种子多，吃不完！”师父说：“随遇！”

半夜一阵骤雨，小和尚早晨冲进禅房：“师父！这下真完了！好多草籽被雨冲走了！”

“冲到哪儿，就在哪儿发！”师父说：“随缘！”

一个星期过去了。原本光秃的地面，居然长出许多青翠的草苗。一些原来没播种的角落，也泛出了绿意。

小和尚高兴得直拍手。

师父点头：“随喜！”

随不是跟随，是顺其自然，不怨怼、不躁进、不过度、不强求。

随不是随便，是把握机缘，不悲观、不刻板、不慌乱、不忘形。

不要幻想生活总是那么圆圆满满，也不要幻想在生活的四季中享受所有的春天，每个人的一生都注定要跋涉沟沟坎坎；品尝苦涩与无奈，经历挫折与失意。

在漫漫旅途中，失意并不可怕，受挫也无需忧伤。只要心中的信念没有萎缩，只要自己的季节没有严冬，即使风凄雨冷，即使大雪纷飞。艰难险阻是人生对你另一种形式的馈赠，坑坑洼洼也是对你意志的磨砺和考验。落英在晚春凋零，来年又灿烂一片；黄叶在秋风中飘落，春天又焕发出勃勃生机。这何尝不是一种达观，一种洒脱，一份人生的成熟，一份人情的练达。

这种洒脱人生，不是玩世不恭，更不是自暴自弃，洒脱是一种思想上的轻装，洒脱是一种目光的朝前。有洒脱才不会终日郁郁寡欢，有洒脱才不觉得人生活得太累。

懂得了这一点，我们才不至于对生活求全责备，才不会在受挫之后彷徨失意。

懂得了这一点，我们才能挺起刚劲的脊梁，披着温柔的阳光，找到充满希望的起点。

一个人的性格，往往在大胆中蕴涵了鲁莽，在谨慎中伴随着犹豫，在聪明中体现了狡猾，在固执中折映出坚强，羞怯会成为一种美好的温柔，暴躁会表现一种力量与激情，但无论如何，豁达，对于任何人，都会赋予他们一种完美的色彩。

一般认为，豁达是一种人生的态废，但从更深的层次看，豁达却是一种待人处事的思维方式。

心灵处方

这恰似哲人所言："所谓幸福的人，是只记得自己一生中满足之外的人；而所谓不幸的人，是只记得与此相反的内容的人。"每个人的满足与不满足，并没有太多的区别差异，幸福与不幸福相差的程度，却是相当巨大。

9. 生活细节

夸张地说，细节有时可以决定命运。这是我某天在电视里听宋丹丹谈婚姻爱情时想到的。宋丹丹说，她的一个女友在一次旅途中对一位男士特别有好感，可是仅仅因为那男士偶尔露出了一个带土气的字，美好的感觉顿时破坏殆尽。

还在大学时，我的一位女同学也曾发表过类似的观点。她说，假如有个男同胞在她面前打个嗝，那么哪怕他再优秀，也绝无同他发展下去的可能。这话多少有点孩子气，也太苛刻了，但有时候，这样的细枝末节还真能左右人的选择。

记得很久以前，我父亲的一个学生经人介绍认识了一位相貌平平的姑娘，第一次见面后他决定继续与她保持联系的一条重要的理由就是：当他们看电影的时候，那个女孩吃完了手中的冷饮，把包装纸缠在木棒上始终拿在手里，直到走出影院才投进垃圾箱。她做得非常自然，不像是故意做出来的。仅此一个细节，她体现出了自身的教养；仅此一个细节，他们终于喜结连理。另一个女友在决定终身大事时，也强调一个细节，有一次那位先生在离开宾馆的房间时，将房间里的灯一个一个关掉，那一瞬间，她决定嫁给他。

对于细节的敏感不仅仅体现在恋爱婚姻的选择上，在日常生活中，对于某人的评价，也时常要受到细节的影响。记得一个著名的女作家曾表示，她无法忍受异性肩膀上的头皮屑。我呢，比较注意的是走玻璃弹簧门。很多人进门后便潇洒地一放手，根本不顾跟进的人将会受他一撞。每次走到门前，只要前面有人，我都做好被撞的准备，缓步或用手去挡。有时候，我还离门好远，一个不相识的人在那里为我挡着门，我会非常感动，很唯心地想，这样的人，一生大致不会做什么坏事。

心灵处方

虽说大礼不辞小让，可许多生活中的细节都不仅仅是自己一个人的事，它关系到别人的利益和整个社会的秩序和风气，同时也是自身教养的充分体现。

10. 学习遗忘

遗忘也是上天赐给我们的一件礼物。

上天赐给我们很多宝贵的礼物，其中之一即是“遗忘”。只是我们过度强调“记忆”的好处，却反而忽略“遗忘”的功能与必要性。

例如：失恋了，总不能一直溺陷在忧郁与消沉的情境里，必须尽快遗忘；股票失利，损失了不少金钱，当然心情苦闷提不起精神。此时，也只有尝试着遗忘；又期待已久的职位升迁，人事令发布后竟然不是你！情绪之低潮可想而知。解决之道无它——只有勉强自己遗忘。

可见，“遗忘”在生活中有多么重要！

然而想要遗忘，却不是想象中那么容易。遗忘是需要时间的。只不过，如果你连“想要遗忘”的意愿都没有，那么，时间再长也无济于事。

一般人往往很容易遗忘欢乐的时光，但对于哀愁的经历却经常忆起，这是对遗忘哀愁的一种抗拒。换言之，人们习惯于淡忘生命中美好的一切；但对于痛苦的记忆，却总是铭记在心。为什么呢？难道我们真的如此笨拙？

不，当然不是。关键在于我们的“执著”。我们很少静下心来检查自己“已有的”或“曾经拥有的”，都总是“看到”或“想到”自己“失去的”或“没有的”。这，当然注定了难以遗忘。

的确，我们这一代的人，好像个个都太精明了。无论是待人或处事，很少检讨自己的缺点，总是记得“对方的不是”以及“自己的欲求”。其实到头来，还是很少如愿——因为，每个人的心态正彼此相克。

反之，如果这个社会中的每个人，都能够试图将对方的不是，及自己的欲求尽量遗忘，多多检讨自己并改善自己，那么，彼此之间将会产生良性的互补作用，这也才是我们所乐意见到的。

心灵处方

相信，每一个人都不希望重新见到过去那种不那么功利的社会。这必须大家都肯放下身份，一齐来学习“遗忘”——遗忘那些该遗忘的人、事、物。这是一套非常实用的生活哲学。

11. 最后一关

那是一个名气很大的合资公司，招聘一名总经理助理，年薪20万。刘露在众多应聘者中脱颖而出，最后一关是外方总经理面试。

总经理对他进行了长达两个小时的面试，刘露从经营方略到内部管理、新品开发等方面阐述了自己的想法。总经理认真地听着，不时赞许地点点头，显然，他对刘露很满意。

“好了。”总经理说，“讲了半天，口一定渴了，我也有些口渴，请你去买两瓶矿泉水来。”说着递给刘露一张百元大钞。

刘露走到街上，买了两瓶矿泉水，回来递给经理，把剩下的钱交代清楚一分不差地也交给总经理。他认为这很可能也是考试内容的一部分。

果然，总经理打开一瓶矿泉水，说：“这是今天测试的最后一道题目了”。你给我留下了很好的印象，如果这道题你能回答得让我满意。你将通过今天的测试。这道题是这样的：假如这两瓶中有一瓶被人掺了毒药，当然目标是针对我的，现在我命令你先尝一尝。

刘露说：“我明白你是在测试我对公司和你的忠诚程度，也许我尝了你就会录用我，但我不能尝，虽然我很想得到总经理助理这个位子，我认为这是对我人格的污辱。”

总经理怒道："这次应试者上千人之多，我别说让他们喝这没毒的矿泉水，就是真的让他们吃屎，他们也吃！"

刘露正色道："我认为你刚才说的话与你的身份地位很不相称，对不起，我觉得今天的测试该结束了。"说着要起身离去。

总经理立刻和颜悦色地说："请原谅，刚才只是测试。我很欣赏你的反应和品格。请坐！是的，今天的测试你通过了。祝贺你！你被录用了。"

刘露说："招聘是双向选择，你对我的测试通过了，但我对你的测试却没有通过，你不是我想象中的老板。再见！"说完拂袖而去。

心灵处方

颠簸在生活的波谷峰底，尽管艰难，我们仍然不能为了优裕地活着而放弃原则远离高尚。试问在一个人格扭曲的环境中，又怎么可能找到自己金钱以外的价值呢？

12. 打出来的梦想

我记得小学六年级的时候，考试考第一名，老师送我一本世界地图，我好高兴，跑回家就开始看这本世界地图。很不幸，那天轮到我为家人烧洗澡水。我就一边烧水，一边在灶边看地图，看到一张埃及地图，想到埃及很好，埃及有金字塔，有埃及艳后，有尼罗河，有法老王，有很多神秘的东西，心想长大以后如果有机会我一定要去埃及。

看得入神的时候，突然有一个大人从浴室冲出来，胖胖的围一条浴巾，用很大的声音跟我说："你在干什么?"我抬头一看，原来是我爸爸，我说："我在看地图!"爸爸很生气、说："火都熄了，看什么地图!"我说："我在看埃及的地图。"我父亲跑过来"啪、啪!"给我两个耳光，然后说："赶快生火！看什么埃及地图?"打完后，踢我屁股一脚，把我踢到火炉旁边去，用很严肃的表情跟我讲："我给你保证！你这辈子不可能到那么遥远的地方！赶快生火。"

我当时看着我爸爸，呆住了，心想："我爸爸怎么给我这么奇怪的保证，真的吗?这一生真的不可能去埃及吗?"20年后，我第一次出国就去埃及，我的朋友都问我："到埃及干什么?"那时候还没开放观光，出国很难的。我说："因为我的生命不要被保证。"自己就跑到埃及旅行。

有一天，我坐在金字塔前面的台阶上，买了张明信片写信给我爸爸。我写道：“亲爱的爸爸，我现在在埃及的金字塔前面给你写信，记得小时候，你打我两个耳光，踢我一脚，保证我不能到这么远的地方来，现在我就坐在这里给你写信。”写的时候感触非常的深。我爸爸收到明信片时跟我妈妈说：“哦！这是哪一次打的，怎么那么有效？一巴掌打到埃及去。”

心灵驿站

心灵处方

梦想在生命中是非常重要的东西。只有梦想可以使我们有希望。只有梦想可以使我们保持充沛的想象力与创造力。如果一个人没有梦想，这个人生命就开始可悲了。“保持梦想”就是一直到死前的那一刹那都保持着向前的姿势。

13. 长大后的志愿

我有个朋友叫蒙提·罗伯兹，他在圣思多罗有座牧马场。我常借用他宽敞的住宅举办募款活动，以便为帮助青少年的计划筹备基金。

上次活动时，他在致词中提到：我让杰克借用住宅是有原因的。这故事跟一个小男孩有关，他的父亲是位马术师，他从小就必须跟着父亲东奔西跑，一个马厩接着一个马厩，一个农场接着一个农场地去训练马匹。由于经常四处奔波，男孩的求学过程并不顺利。初中时，有次老师叫全班同学写报告，题目是“长大后的志愿。”

那晚他洋洋洒洒写了 7 张纸，描述他的伟大志愿，那就是想拥有一座属于自己的牧马农场，并且仔细画了一张农场的设计图，上面标有马厩、跑道等的位置，然后在这一大片农场中央，还要建造一栋占地 4000 平方英尺的巨宅。

他花了好大心血把报告完成，第二天交给了老师。两天后他拿回了报告，第一页上打了一个又红又大的 F，旁边还写了一行字：下课后来见我。

脑中充满幻想的他下课后带着报告去找老师：“为什么给我不及格？”

老师回答道：“你年纪轻轻，不要老做白日梦。你没钱，没家庭背景，什么都没有。盖座农场可是个花钱的大工程；你要花钱买地、花钱买纯种马匹、花钱照顾它们。你别太好高骛远了。”老师接着又说：“你如果肯重写一个比较不离谱的志愿，我会重打你的分数。”

这男孩回家后反复思量了好几次，然后征询父亲的意见。父亲只是告诉他：“儿子，这是非常重要的决定，你必须拿定主意。”

再三考虑好几天后，他决定原稿交回，一个字都不改。他告诉老师：“即使拿个大红字，我也不愿放弃梦想。”

蒙提此时向众人表示：“我提起这故事，是因为各位现在就坐在 200 亩农场内，坐在占地 4000 平方英尺的豪华住宅中。那份初中时写的报告我至今还留着。”他顿了一下又说：“有意思的是，两年前的夏天，那位老师带了 30 个学生来我的农场露营一星期。离开之前，他对我说：‘说来有些惭愧。你读初中时，我曾泼过你的冷水。这些年来，我也对不少学生说过相同的话。幸亏你有这个毅力坚持自己的梦想。”’

心灵处方

不论做什么事，相信自己，别让别人的一句话将你击倒。自己拿定主意，追随自己的梦想。任何时候都不要让生活改变我们，而要让我们去改变生活。

14. 我向母亲致敬

小时候我像大多数小孩子一样，相信我的母亲无所不能。她是个活力充沛、朝气蓬勃的女性，打网球，缝制我们所有的衣服，还为一家报纸撰写专栏。我对她的才艺和美貌崇敬无比。

她爱请客，会花好几小时做饭前小吃，摘下花园里的鲜花摆满一屋子，并将家具重新布置，让朋友好好跳舞。然而，最爱跳舞的是母亲自己。

我会入迷地看着她在接待客人前的盛装打扮。直到今天，我还记得我们喜爱的那件配有深黑色精细网织罩衣的黑裙子，把她的金黄色头发衬托得无与伦比。然后，她会穿上黑色高跟舞鞋，成为在我眼中全世界最美的女人。

可是在她 31 岁时，她的生活变了，我的也变了。

突然之间，她因为生了一个良性脊椎瘤而弄至瘫痪，平躺着困在医院病床上，从此以后她便永远不能恢复以前的样子了。

她尽力学习一切有关残疾人士的知识，后来成立了一个名叫残疾社的辅导团体。有天晚上，她带我的妹妹和我到那里去。我从没见过那么多身体上有各种不同残疾的人。她还介绍我们认识一些大脑麻痹者，让我们知道他们大都和我们同样聪明。她又教我们怎样和弱智的人沟通，指出他们日常生活中都很亲切热情。

由于母亲那么乐观地接受了她的处境，我也很少对此感到悲伤或怨恨。可是有一天，我家举行一个晚会。当我看到微笑着的母亲坐在旁边看她的朋友跳舞时，突然醒悟到她的身体缺陷是多么残酷。我脑海里再度映现当年母亲容光焕发、翩翩起舞的倩影，不知道她自己是否也记得。我朝她挨近时，看到她虽然面带笑容，却热泪盈眶。我的心情再也无法保持平静，奔回自己的卧房，哭了起来。

我长大后在州监狱署任职，母亲毛遂自荐到监狱去教授写作。我记得只要她一到，囚犯便围着她，专心聆听她讲的每一个字，就像我小时候那样。

她甚至在不能再去监狱时，仍与囚犯通信。有一天，她给了我一封信，叫我寄给一个叫韦蒙的囚犯。我问她信可不可以看，她答允了，但她完全没想到这信会给我多大的启示。信是这么写的：

亲爱的韦蒙：

自从接到你的信后，我便时常想到你。你提起关在监牢里多么难受，我深为同情。可是你说我不能想象坐牢的滋味，那我觉得非说你错了不可。

监狱是有许多种的，韦蒙。

我 31 岁时有天醒来，人完全瘫痪了。一想到自己被囚在躯体之内，再也不能在草地上跑或跳舞或抱我的孩子，我便伤心极了。

有好长一阵子，我躺在那里问自己这种生活值不值得过。我所重视的所有东西，似乎都已失去了。

可是，后来有一天，我忽然想到我仍有选择自由。看见我的孩子时应该笑还是哭？我应该咒骂上帝还是请他加强我的信心？换句话说，我应该怎样运用仍然属于我的自由意志？

我决定尽可能充实地生活，设法超越我身体的缺陷，扩展自己的思想和精神境界。我可以选择为孩子做个好榜样，也可以在感情上和肉体上枯萎死亡。

自由有很多种，韦蒙。我们失去一种，就要寻找另一种。

你可以看着铁槛，也可以穿过铁槛往外看。你可以作为年轻囚友的做人榜样，也可以和捣乱分子混在一起。你可以爱上帝，设法认识他，你也可以不理他。

就某种程度上说，韦蒙，我们命运相同。

看完信时，我已泪眼模糊。然而，我这时才把母亲看得更加清楚。我再度感觉到一个小女孩对她无所不能的母亲的崇敬。

我知道，母亲瘫痪的仅仅是身体，她的灵魂是那样的健康美丽，以至于我再也感觉不到母亲是个瘫痪的女人。我举起手，向我敬爱而伟大的母亲致敬！

心灵处方

生活有时会赠给我们幸福的鲜花和宝石，但获取不是我们唯一的愿望，生活有时会给我们屈辱的凄风苦雨，但沉沦不是我们最后的结局。因为，我们有权选择生活！

15. 臭掉的蛤蜊

小时候我很喜欢做的一件事，就是帮妈妈检查买回来的蛤蜊里有没有坏的。蛤蜊的外壳看起来都差不多，但是如果一不小心让一个臭掉的蛤蜊混在新鲜的蛤蜊中，那整锅汤就都糟蹋了。所以虽是小事一件，我可一点也不敢掉以轻心，并将此神圣使命视为庄严仪式，用虔诚又恭敬的心情做这件事。

检查的方法是用左手先拿住一个蛤蜊，再用右手捡起其他蛤蜊，一个一个地敲敲看，如果蛤蜊敲出的声音是结实的，就是新鲜的蛤蜊；如果敲的声音是虚的，有点沙哑，不管它的口闭得多紧，还是臭的蛤蜊。

有一天，母亲又买回来一包蛤蜊，我熟练地拿出一个大碗，开始我的鉴定工作。出乎意料的是居然“所有的”蛤蜊都是坏掉的！我简直不敢相信我的耳朵，一个一个再敲过一遍，竟仍然“没有一个”蛤蜊是好的！那种感觉很像一位警察到一部公共汽车上去抓扒手，结果发现一车的人都是扒手！

我捧着那一大碗被判刑的蛤蜊去禀告母亲，母亲很是惊讶：“怎么会这样呢？这个卖蛤蜊的从来不会骗我的呀！”

于是母亲大人亲自动手检验，这才发现原来我抓在左手中的那个蛤蜊是坏的：难怪敲起来声音全部不对劲！

这种“原来如此”的恍然大悟的经验，往往在孩子心中烙下深刻的沟痕，然后进入记忆的深处，等候生命的唱盘再度转到那个相似的部位。

大学毕业后我开始工作，我非常地努力，对自己有些期许，也有些要求。但是有一段时间我对周围的人都看不顺眼，在我眼中，“每一个人”都有令我难以忍受的缺点，我很想改造他们，而改造不了时，我又想躲避他们。我觉得自己很倒霉，很不幸，怎么“总”遇到不好的人！

正当我沉醉于自怨自艾时，心中忽然响起“蛤蜊之歌”，难道我就是那个坏掉的蛤蜊？我听到那么多“别人的”沙哑之声竟可能是我本身造成的？按照常理，一个人不会只遇到坏人，周围有些人对你友善，有些人对你不友善，这样的几率最大。那我可能就是那个不友善的人，我用自己的高标准去检验我周围的人，看起来我对大家都不满意，其实我最不满意的人是我自己！

我忘了我震惊于这个内心的自我发现有多久，只记得当时很难过，原来我没我装出来的那么好，别人也没我看到的那么差。我有两个抉择的方向：一个是——把自己装得更好，免得别人看起来更差！另一个选择则是——开始学着去欣赏别人，因为只有在看到别人的好时，我才会发现自己的好，也才能真正欣赏自己。

这是一段漫长的历程，一开始甚至要“强迫”自己；很像“视力矫正”，要把不顺眼的看看，看到顺眼。每当我想放弃时，就想起那个差点害我将整碗新鲜蛤蜊倒掉的臭蛤蜊。

几年下来，我也体验到原来这项能力不仅改善了我的人际关系，对于教师这个职业也有不可或缺的重要性。面对形形色色的学生，我如何去判断他的旋律和节奏？

心灵处方

没想到这么一件小小的家事训练，竟也可以影响“我”如此巨大！你如果没有成为伟人的抱负，至少也可以像“我”敲敲蛤蜊，学会做个友善的人吧！

如果当检测标准系统出了问题，整个世界就都有了问题。

16. 爸爸的电报

刚念大学时，爸爸和我商定好，每月的 15 日给我寄 500 元的生活费。

因为开支毫无规律可循，三天两头地，我就找个理由与同寝室的舍友们到校园餐馆挥霍一顿。

第一个月，爸爸容忍了我，提前把第二个月的生活费寄了过来。然而我却恶习难改，第二个月、第三个月依然如此。

终于，在离第四个月的收款日还遥遥无期的时候，我又捉襟见肘了。

万般无奈我拍了一封极其简短的电报回家："爸爸，饿坏了。"

爸爸很快就回了电报，也很简短："孩子，饿着吧。"

生活真是太伟大了，在其后只有十块钱的十天里，我绞尽脑汁地节衣缩食，出手之前锱铢必较，竟然也把那段难挨的日子熬过去了。

从那以后，我学会了精打细算，而且我还发现，其实只要稍稍收敛一下不必要的支出，每月 400 元生活费就够用了。这样，每月我都可以积攒下一些盈余，这些钱可以买书、买卡带、买 CD、旅游、捐款，当然也包括吃餐馆，但是比起单一地花在吃上，当然是有意思得多。

心灵处方

父母是孩子的第一任老师，只有让孩子品尝了生活中真正的酸、甜、苦、辣。孩子的人生画面才会显得绚丽多彩。而那些不舍得让孩子挨饿受罪的父母，是无法让孩子学会生活的。

17. 上帝的梦想

从前有个男孩子住在山脚下的一幢大房子里。他喜欢动物、跑车与音乐。他爬树、游泳、踢球、喜欢漂亮女孩子。他过着幸福的生活，只是经常要让人搭车。

一天男孩对上帝说：“我想了很久，我知道自己长大后需要什么。”

“你需要什么？”上帝问。

“我要住在一幢前面有门廊的大房子里，门前有两尊圣伯纳德的雕像，并有一个带后门的花园。我要娶一个高挑而美丽的女子为妻，她的性情温和，长着一头黑黑的长发，有一双蓝色的眼睛，会弹吉他，有着清亮的嗓音。”

“我要有三个强壮的男孩，我们可以一起踢球。”他们长大后，一个当科学家，一个做参议员，而最小的一个将是橄榄球队的四分卫。

“我要成为航海、登山的冒险家，并在途中救助他人。我要有一辆红色的法拉利汽车，而且永远不需要搭送别人。”

“听起来真是个美妙的梦想，”上帝说，“希望你的梦想能够实现。”

后来，有一天踢球时，男孩磕坏了膝盖。从此，他再也不能登山、爬树，更不用说去航海了。因此他学了商业经营管理，而后经营医疗设备。

他娶了一位温柔美丽的女孩，长着黑黑、长长的头发，但她却不高，眼睛也不是蓝色的，而是褐色的。她不会弹吉他，甚至不会唱歌，却做得一手好菜，画得一手好花鸟画。

因为要照顾生意，他住在市中心的高楼大厦里，从那儿可以看到蓝蓝的大海和闪烁的灯光。他的屋门前没有圣伯纳德的雕像，但他却养着一只长毛猫。

他有三个美丽的女儿，坐在轮椅中的小女儿是最可爱的一个。三个女儿都非常爱她们的父亲。她们虽不能陪父亲踢球，但有时他们会一起去公园玩飞盘，而小女儿就坐在旁边的树下弹吉他，唱着动听而久萦于心的歌曲。

他过着富足、舒适的生活，但他却没有红色法拉利。有时他还要取送货物——甚至有些货物并不是他的。

一天早上醒来，他记起了多年前自己的梦想。“我很难过，”他对周围的人不停地诉说，抱怨他的梦想没能实现。他越说越难过，简直认为现在的这一切都是上帝同他开的玩笑。妻子、朋友们的劝说他一句也听不进去。

最后他终于悲伤得病倒住进了医院。一天夜里所有人都回了家，病房中只留下护士。他对上帝说：“还记得我是个小男孩时，对你讲述过我的梦想吗?”

“那是个可爱的梦想。”上帝说。

“你为什么不让我实现我的梦想?”他问。

“你已经实现了。”上帝说，“只是我想让你惊喜一下，给了一些你没有想到的东西。”

“我想你该注意到我给你的东西：一位温柔美丽的妻子，一份好工作，一处舒适的住所，三个可爱的女儿——这是个最佳的组合。”

“是的，”他打断了上帝的话，“但我以为你会把我真正希望得

到的东西给我。”

“我也以为你会把我真正希望得到的东西给我。”上帝说。

“你希望得到什么？”他问。他从没想到上帝也会希望得到东西。

“我希望你能因为我给你的东西而快乐。”上帝说。

他在黑暗中静想了一夜。他决定要有一个新的梦想，他要让自己的梦想的东西恰恰就是他已拥有的东西。

后来他康复出院，幸福地住在47层的公寓中，欣赏着孩子们的悦耳的声音、妻子深褐色的眼睛以及精美花鸟画。晚上他注视着大海，心满意足地看着明明灭灭的万家灯火。

心灵处方

多想与现实之间永远会有距离和差异，这也许同你的努力程度没有关系，而只是一种偶然的不确定性。聪明者会把这些看做是上帝的另一种恩赐，怀着感恩的心情去享受现实，而愚蠢的人则会把其中的快乐随意丢弃。

18. 关于生活的三条忠告

一次，一个猎人捕获了一只能说七十种语言的鸟。

“放了我，”这只鸟说，“我将给你三条忠告。”

“先告诉我，”猎人回答道，“我发誓我会放了你。”

“第一条忠告是，”鸟说道，“做事后不要懊悔。”

“第二条忠告是：如果有人告诉你一件事，你自己认为是不可能的就别相信。”　“第三条忠告是：当你爬不上去时，别费力去爬。”

然后鸟对猎人说：“该放我走了吧。”猎人依言将鸟放了。

这只鸟飞起后落在一棵大树上，并向猎人大声喊道：“你真愚蠢。你放了我，但你并不知道在我的嘴中有一颗价值连城的大珍珠。正是这颗珍珠使我这样聪明。”

这个猎人很想再捕获这只放飞的鸟。他跑到树跟前并开始爬树。但是当他爬到一半的时候，他掉了下来并摔断了双腿。

鸟嘲笑他并向他喊道：“笨蛋！我刚才告诉你的忠告你全忘记了。我告诉你一旦做了一件事情就别后悔，而你却后悔放了我。我告诉你如果有人对你讲你认为是不可能的事，就别相信，而你却相信像我这样一只小鸟的嘴中会有一颗很大的珍珠。我告诉你如果你爬不上去，就别强迫自己去爬，而你却追赶我并试图爬上这棵大树，结果掉下去摔断了双腿。”

“这句箴言说的就是你：‘对聪明人来说，一次教训比蠢人受

一百次鞭挞还深刻。”

说完，鸟就飞走了。

心灵处方

按说，鸟不可能比人聪明，来捉弄人，可一旦人因贪婪犯起傻来，什么蠢事也会干出来。世间凡是贪婪之人最终只会失去一切！

19. 守信

这是两个真实故事。

一个故事发生在巴黎公社起义失败后。一位16岁的少年要被处死。由一名军官和12名枪手执行。

这个少年临被枪决时，对监刑官说，我母亲在附近，她很穷，我这里有一块金表，能不能让我先把金表送给她，再回来受死。这位监刑官正好也有一个年少的儿子，他答应了少年的请求，心想，一个毛孩子，放了就放了吧，望着少年跑走的背影，所有的人都坚信，他肯定一去不复返了。

谁知，一刻钟后少年回来了，他对军官说，谢谢你先生，表送到了，现在可以了，来吧。

整个杀人刑场一片死寂，军官愣了很久，才缓缓地艰难地抬起手臂，跟着，12支步枪颤抖地举起来……

另一个故事发生在解放前夕。一位大地主姨太逃往台湾前，将一小檀木匣悄悄托女佣保管。女佣说："你放心，只要我在，木匣就在！"

解放后，女佣成了家，她男人无意中发现了珍藏的小檀木匣，疑心里面藏着浮财，硬要打开，女佣说：我答应过人家，你要动它，我就上吊。

自然灾害那些年，女佣和两个女儿也饿得奄奄一息，男人又打起木匣的主意，却再次被女佣斩钉截铁地拒绝。"文革"期间，女佣患了癌症，没钱住院；男人商量是不是将木匣打开，兴许能发现什么值钱的东西，来救她一命，可是还是被女佣断然回绝了。

数十载后，白发苍苍的姨太回乡来，鳏居多年的女佣的男人郑重地将小檀木匣原封不动地交还了她。木匣终于打开，匣内却只有一大摞信笺以及几件不值钱的、姨太旧时相好的信物——贝壳手镯、雨花石、木雕饰物、竹笛……

心灵驿站

心灵处方

生活中的誓言或诺言真真假假，早已是司空见惯的事了。可是，在这里我仿佛看见那个倒在刑场上的少年纯净如水的目光，听到那个最终也没能从病床上站起来的女佣的坚定如山的口气。在他们身后矗立起一尊光芒四射地叫做信用的碑牌，那是一座永远不会被风化，也不会随尘世的泥沙而流失的塔碑。

20. 买票

坐在回家的班车上，手里捏着车票钱，望着窗外的农田房舍都沐浴在明媚温暖的春光里，心里洋溢着一种难言的安宁和惬意。

一发现她把我给漏掉了，就决定下车时，一定把票给补上。这样一想就觉得自己的那一脉生命之水，在这春光下仍然很清澈，很亮泽。也就为自己至今还能做到做事不欺心，而深感欣慰。

我是在路口上的车，车开动了售票员才从最后一排，往前挤着一个个地要乘客买票。或许是车上的人太多太挤，连过道里都挤满了人，或许是不少的人跟她讨价还价，说着节期间不应该提价的，把她给吵糊涂了，她竟然把坐在窗边往外看风景的我给漏掉了。其实我早就把买票的钱掏出来在手心里捏着了。

我自然就想起小时的一件事来。那还是五六岁的时候，有一次奶奶叫我到街上去打醋，醋打好了，快走到家门口了，我却发现打醋的两角钱还在手心里紧紧地捏着。便想都没想就转身走回去，把手里捏着的钱，交给那个卖醋的人。得到了别人赞美的我，心里涨满了喜悦和兴奋。回到家我就把这事跟奶奶讲了。“是的，我孙子做得对，人活在世上，任何时候都不能做欺心的事。”奶奶夸奖我说。

一晃三十多年过去了，我庆幸每次遇到这样的事，或者是类似这样的事，都能像小时候那样，“想都不想”地做出不欺心的决定。

车到孝感，随着满车的人走到前车门口，我把一直捏在手里的10元钱，递到拿着扫帚准备打扫车厢的售票员面前，微笑着，用一种开玩笑的口气说：“你不想把票卖我，我可是非买不可呢！”

售票员稍稍愣了一下，立刻就在她满含疲惫的脸上露出非常好看的笑容，说：“哎呀，你这人，真是太好了。”

我感到走出好远了，她还在望着我笑。

心灵处方

做事不欺心，才能保持内心的安宁和生命的清澈，这样活着本身就是一种受益，一种愉悦。我深信，做事不欺心的人，更容易保有欣赏世界的好心情，更容易品出生活的好滋味。

21. 浪漫夫妇

在加拿大魁北克山麓，有一条南北走向的山谷。山谷有一个独特的景观：西坡长满了松柏、女贞等大大小小的树，东坡却如精心遴选过了的一般——只有雪松。这一奇景异观曾经吸引不少人前去探究其中的奥秘，但却一直无人能够揭开谜底。

1983 年冬，一对婚姻濒临破裂而又不乏浪漫习性的加拿大夫妇，准备做一次长途旅行，以期重新找回昔日的爱情，俩人约定：如能找回就继续生活，否则就分手。当他们来到那个山谷的时候，天下起了大雪。他们只好躲在帐篷里，看着漫天的大雪飞舞。不经意间，他们发现由于特殊的风向，东坡的雪总比西坡的雪下很大而密。不一会儿，雪松上就落了厚厚的一层雪。然而，每当雪落到一定程度时，雪松那富有弹性的枝丫就会弯曲，使雪滑落下来。就这样，反复地积雪，反复地弯曲，反复地滑落，无论零下得多大，雪松始终完好无损。其他的树则由于不能弯曲而很快就被压断了。西坡的雪下得很小，不少树都没有受到损害。

妻子若有所悟，对丈夫说："东坡肯定也长过其他的树，只不过由于不会弯曲而被大雪摧毁了。"丈夫点头之际，两个似乎同时恍然大悟，旋即忘情地紧拥热吻起来。丈夫兴奋地说："我们揭开了一个谜——对于外界的压力，要尽可能去承受；在承受不了的时候，要像雪松一样弯曲一下，这样就不会被压垮。"

一对浪漫的夫妇，通过一次特殊的旅行，不仅揭开了一个自

然之谜，而且找到了一个人生真谛。

在人生的旅途上，各种摧折命运之树的暴风大雪常常会不期而至。一个人要想经受住人生风雪的侵袭，就该从雪松抵御大雪的自然景象中汲取生存与发展的艺术，该伸则伸，该屈则屈，该进则进，该退则退，始终从容不迫、游刃有余地绷拉命运之簧，弯而不折，曲而不断。弯曲，实质上是柔软的表现。应该指出的是，柔软不是柔弱，不是怯懦；不是趋炎附势，不是阿谀逢迎；不是卑躬屈膝，不是奴颜婢骨；不是在命运的挑战面前退避三舍，不是在困难的障碍面前畏缩不前。如同弯弓为了更有力地射箭、退却为了更猛地进攻一样，柔软的关键在于韬光养晦、蓄势待发、坚忍不拔、以柔克刚。这是一种至高至善的人生艺术，必须精心锻造才能成就！

心灵处方

这对浪漫的夫妇进行的一次离婚之旅，不仅挽救了他们的婚姻，也给我们上了非常有意义的一堂课。

22. 走不回来的人

曾读过一个贪心人的故事：说是有个地主，去拜访一位部落首领，他想向首领要块地。首领说，你从这儿向西走，做一个标记，只要你能在太阳落山之前走回来，从这儿到那个标记之间的地都是你的了。太阳落山了，地主没有走回来，因为走得太远，他累死在路上了。贪心人走不回来，是因为贪。然而现实生活中还有一类人，他们不贪，可是也走不同来。

有一次，我要在客厅里钉一幅画，请邻居来帮忙。画已经在墙上扶好，正准备砸钉子，他说："这样不好，最好钉两个木块，把画挂上去。"我遵从他的意见，让他帮着去找锯子。找来锯子，还没有锯两三下，他说："不行，这锯子太不快了，得锉一锉。"

他家有一把锉刀，于是，他丢下锯子去拿锉刀。锉刀拿来了；他又发现在使用锉刀之前，必须得给锉刀安个把柄。为了给锉刀安把柄，他拿起斧头去校园边上的一个灌木丛里去寻找小树。就在要砍树时，他又发现那把生满老锈的斧头实在是不能用，必须得磨一下。

磨刀石找来后，他又发现，要磨快那把老斧头，必须得把磨刀石定稳。为了固定磨刀石，必须得制作几根固定磨刀石的木条。为此他又到校外去找一位木匠，说木匠家有现成的。然而，这一走，就再也没见他回来。当然了，那幅画，我还是一边一个钉子把它钉在了墙上。下午再见到他的时候，是在街上。他正在帮水员从五交化商店里往外搬一台笨重的电锯。

工作和生活中有好多走不回来的人。他们认为要做好这一件事，必须得去做前一件事；要做好前一件事，必须得去做更前面的一件事。他们逆流而上，回归到零，直至把那原始的目的忘得一干二净。这种人看似忙忙碌碌，从早到晚一副辛苦的样子。其实，他们不知道自己在忙什么。起初，个别的人也许知道，然而一旦忙开了，最后，还真的不知忙什么了。

心灵处方

在人生的旅途中，每过一个时期，或每走一段路程，不妨回过头来看看自己的身后，看看在太阳落山之前是否还能走回去；或干脆停下来，沉思片刻，问一问：我是谁？我到哪里去？我去干什么？这样或许可以活得简洁些。不至于因走得太远而失去现在，失掉自我。

23. 原味

有一位朋友吃牛排，总在未加酱之前，先切一小块，尝尝牛排的原味；喝咖啡时，习惯在放糖、奶精之前，先啜一口，尽管它是苦涩的。

认识小野已经很久了，他的第一部作品《蛹之生》曾经风靡多少莘莘学子，也吸引我一部又一部阅读他的作品。这些年来，显然他的关怀面更加广泛、切入点更加精准、技巧愈加圆融纯熟，但对其热度似乎已褪，是我移情别恋，还是他的勉力稍减？答案，很久以后我才找到。

偶然在《中国时报》读到一篇沈君山教授评围棋高手聂卫平今昔棋风之转变的文章：聂卫平这些年南征北讨、东征西战，将他的技巧磨炼得更加纯熟，经验更加丰富，下棋也就愈加稳重，但当年在北大荒，地处辽阔，百里不见人，而培养出独尊天地的霸气，已不复见。换句话说，失去了“原味”！

蓦然发现答案就是“原味”两字，让我觉得小野离我愈来愈远，小野当然还是小野，只是已非当年我初认识的小野。更成熟后的小野，好比加入奶精和糖的咖啡，虽更容易人口，但我却怀念苦涩的咖啡原味。

记得有一个故事：

同学们都迷恋师大附近的辣牛肉面，有一次同他们一起去吃，

见同学们个个涕泪纵横，直呼过瘾。我问其中一位“好吃吗”，他边擦眼泪、边吸鼻涕的说：“辣得够味！”这才晓得原来同学们是被“辣”所迷惑，而忘了“原味”是牛肉面。

不否认作料的作用，只是要调到恰到好处，很难！相信看过李安电影《饮食男女》的人，应不健忘剧中郎雄饰演大厨的角色。一个好厨师，必定要有敏锐的味觉，因为味觉关系着作料参放的适度与否。作料的不适当，会遮盖了原味，让菜变得不好吃；作料若恰到好处，除能保持原味，更诱发另一种风味。

心灵驿站

心灵处方

在瞬息万变的生活中，如何才能在待人处事方面逐渐圆润却又不失去个人风格？如何在名利面前，尚能把持自己，保有一颗赤子之心，更保有自己的“原味”？

24. 与狼为友

在生物学界，北极狼一直被认为是最为冷酷和凶残的野兽，而德国年轻的科学家冯·毕赖恩却孤胆深入法德边界的原始森林地带探索它们的生存奥秘，两年间他与北极狼建立了令人难以置信的深厚情谊。

毕赖恩在原始森林里住了快一年时，他在夜里常听见狼嚎，但彼此并没照过面儿。天冷了，他想多备些木柴。一天他正在林中拾柴，忽然传来几声凄厉的狼嚎，寻声找去，他看到一只腿受重伤的小狼缩在岩石旁，四顾无其他的狼，他便将这只小狼抱回了自己住的木屋。

小狼显然饿了很久，毕赖恩先喂了它一块牛肉，接着又为它清洗和处理伤口。经过一段时间的疗养；小狼很快康复，毕赖恩便将它放归自然。小狼一步三回头地走了，但每到夜间，小狼常常回到木屋前嚎叫，声音缠绵而温柔。毕赖恩则开门迎客，人与狼像好友重逢般相互拥抱。毕赖思为自己的狼友取了个名字叫“福子”。有一次，“福子”临走前用牙轻轻咬了一下他脚踝，似乎在与他吻别。

果然再见到“福子”时它已是一头强健的雄狼，它的身后还跟着七只大狼。被群狼围在中间，毕赖恩不由有些惊恐，但“福子”咬着他的衣襟不放，明显是要拖他去什么地方。毕赖恩定定神决定跟它们走。

在林中被群狼拥着行进了八九个小时来到一个洞穴，“福子”一声长嗥，洞内回声震天，一回头，但见上百只“绿眼睛”包围上来。就在这时“福子”连续三声嚎叫，狼群不由慢慢散开，让出了一条通道。“福子”带着他来到一只母狼旁边，地上躺着一只奄奄一息的狼崽，毕赖恩这才明白怎么回事，刚才惊出了的一身冷汗也慢慢消退。

“福子”和母狼又护送抱着狼崽的他重返木屋，毕赖恩顾不得喘口气儿，马上对狼崽进行了抢救。还好，几天后狼崽终于活过来了，“福子”和母狼便把它带走了。

从此，毕赖恩与北极狼建立了深厚的友情，在“福子”的陪伴下，他甚至可以自由出入狼窝，至于用嚎声呼唤狼友更是不在话下。

有一次他请慕名来采访他的汉堡电视台记者吃烤鹿肉，谁料肉香招来了两只大黑熊，危急关头，毕赖恩爬上屋顶的天窗连声嚎叫，一会儿就招来十几只狼，并向大黑熊围拢过来。他不愿看到狼熊两败俱伤就又吼了三声，群狼散开，大黑熊仓皇逃走，电视台记者一一录下了这些珍贵的镜头。

心灵处方

再凶残的动物也有其温驯的一面，只要你能友好地对待它们。而不是对其赶尽杀绝，它们也会成为你的好朋友。人与动物之间如此，人与人之间难道不是一样吗？

25. 一枚白金戒指

夫妻双双都是江南水乡一所中学的教师，20 年从教，观念不旧，物质生活不差，那份质朴不变。

水乡风景诱人。过节，城里亲戚都聚在那家，其中有女主人的侄女——大学刚毕业的银行职员。

我们到达的当天侄女打算告辞，临走前她的一只白金戒指怎么也找不着。怕误了班车，女主人说，你先走好了，我帮你找。

侄女走后主人夫妇陪我们撑小船过小桥穿小巷，晃晃悠悠，直到天黑才回。晚饭用毕他们才想起戒指的事。在床底下、沙发缝里、食品柜角找了个遍，没有。想起上午侄女曾花两小时帮着理荠菜，而荠菜皮已与垃圾一起倒掉，便手提节能灯到楼下垃圾箱里翻了个遍，仍没有。

正折腾着电话铃响了，已经回到城里的侄女焦急地询问戒指的下落。女主人说：别担心，肯定在的。并问它值几个钱。侄女说了个数目不少的价，我们这些客人都有些不自在起来。女主人仍不紧不慢：在我这儿，不会丢的。

电话挂断，众客人都自告奋勇要帮着彻底寻找，女主人却笑着说：没事的，明天再找。次日早起，女主人忽地想起什么，从放针线杂物的小抽屉里捣鼓出一样东西，问众人道：莫非是它？

众人凑近看，一个简单的小箍，一粒小小的钻石，式样毫不起眼，却正是那枚白金戒指！

女主人顿时双颊飞红：昨天我道是个旧窗帘箍呢，随手就扔进抽屉了，害得大家虚惊一场……她带着一脸肇事者的歉疚表情。

我立刻告诉她我真羡慕她。她说不会丢失，就真的没有丢失。本来没有丢失，即使一时找不着她也坚信不会丢失。永不丢失的，恰是她对物欲的平静。

心灵处方

在这个物欲横流，金钱至上的社会里，能有几人做到如此境界？心平则欲止，当一个人能做到对任何财物心静如水时，他便不会丧失自己那一份宁静与质朴、快乐与轻松。

26. 种西瓜

小时候，我每年夏天都要随父母去内布拉斯加州的爷爷那里。

我记忆中的爷爷是佝偻着身子，瘸了腿的。听爸爸说，爷爷年轻时很英俊，很能干，他做过教师，26 岁时就当选为州议员了，正是事业如日中天的时候他患了病——严重的中风。

宽阔的原野，高高的草垛，哞哞的牛声，脆脆的鸟鸣，使我流连忘返。“爷爷，我长大了也要来农场，种庄稼！”一天早上，我兴致勃勃地说出了我的愿望。

“那，你想种什么呢?’”爷爷笑了。“种西瓜。”“唔，”爷爷棕色的眼睛快活地眨了眨，“那么让我们赶快播种吧！”

我从邻居玛丽姑姑家要来了五粒黑色的瓜籽，取来了锄头。在一棵大橡树下，爷爷教我翻松了泥土，然后把西瓜籽撒下去。忙完这一切，爷爷说：“接下去就是等待了。”

当时我并不懂“等待”是怎么回事。那个下午，我不知跑了多么趟——去查看我的西瓜地，也不知为它浇了多少次水，把西瓜地变成一片泥浆。谁知，直到傍晚，西瓜苗却连影子也没有。晚餐桌上，我问爷爷：“我都等了整整一下午了，还得等多久?”

爷爷笑了：“你这么专心地等待，也许苗会早点长出来的。”

第二天早晨，我一醒来就往我的瓜地跑。咦！一个大大的、滚圆滚圆的西瓜正瞅着我笑呢！我兴奋极了——我种出世界上最大的西瓜了！

稍大些，我知道这个西瓜是爷爷从家里搬到瓜地里的。尽管这样，我不认为那是一种游戏，是慈爱的爷爷哄骗孙子的把戏，而是在一个不懂事的孩子心里适时播下一颗希望的种子。

如今，我已有了自己的孩子，事业上也有所成就。而我觉得自己乐天的性情与成功的生活是爷爷为我在橡树底下播的种子长成的——爷爷本来可以告诉我，在内布拉斯加州种不出西瓜，八月中旬也不是种瓜的时节，而且树阴下边也不宜种瓜……但是他没有这么做，而且让我真真实实地体验了“希望”与“成功”的滋味。

心灵处方

很多事物都受到自然条件的限制，然而，给孩子们快乐、爱心、希望，却不受任何条件的限制，只要你想的话。

27. 一个马掌钉惹的祸

国王理查三世准备拼死一战了。里奇蒙德伯爵亨利带领的军队正迎面扑来，这场战斗将决定谁统治英国。

战斗进行的当天早上，理查派了一个马夫去备好自己最喜欢的战马。

“快点给它钉掌，”马夫对铁匠说，“国王希望骑着它打头阵。”

“你得等等，”铁匠回答，“我前几天给国王全军的马都钉了掌，现在我得找点儿铁片来。”

“我等不及了。”马夫不耐烦地叫道，“国王的敌人正在推进，我们必须在战场上迎击敌兵，有什么你就用什么吧。”。

铁匠埋头干活，从一根铁条上弄下四个马掌，把它们砸平、整形，固定在马蹄上，然后开始钉钉子。钉了三个掌后，他发现没有钉子来钉第四个掌了。

“我需要一两个钉子，”他说，“很需要点儿时间砸出两个。”

“我告诉过你我等不及了，”马夫急切地说，“我听见军号了，你能不能凑合?”

“我能把马掌钉上，但是不能像其他几个那么牢实。”

“能不能挂住?”马夫问。

“应该能，”铁匠回答，“但我没把握。”

“好吧，就这样，”马夫叫道，“快点，要不然国王会怪罪到咱们俩头上的。”

两军交上了锋，理查国王冲锋陷阵，鞭策士兵迎战敌人。

“冲啊，冲啊!”他喊着，率领部队冲向敌阵。远远地，他看见战场另一头几个自己的士兵退却了。如果别人看见他们这样，也会后退的，所以理查策马扬鞭冲向那个缺口，召唤士兵调头战斗。

他还没走到一半，一只马掌掉了，战马跌翻在地，理查也被掀在地上。

国王还没有再抓住缰绳，惊恐的畜牲就跳起来逃走了。理查环顾四周，他的士兵们纷纷转身撤退，敌人的军队包围了上来。

他在空中挥舞宝剑，“马!”他喊道，“一匹马，我的国家倾覆就因为这一匹马。”

他没有马骑了，他的军队已经分崩离析，士兵们自顾不暇。不一会儿，敌军俘获了理查，战斗结束了。

从那时起，人们就说：

少了一个铁钉，丢了一只马掌，

少了一只马掌，丢了一匹战马，

少了一匹战马，败了一场战役，

败了一场战役，失了一个国家，

所有的一切都是一个马掌钉惹的祸。

心灵处方

这个著名的传奇故事出自英国国王理查三世逊位的史实。他1485年在波斯战役中被击败，莎士比亚的名句“马，马，一马失社稷！”使这一战役永载史册，同时告诉我们一个小小的疏忽会带来多么大的灾难。

28. 人生的普通班

上高中的时候，我们班只是个普通班，比起由尖子生组成的六个实验班来说，考上大学的机会不多，因此除了几个学习好的同学很努力外，大多数人都等着混个文凭，然后找个工作。

我们的班主任兼英语老师是个刚从师范学院毕业的学生，他非常敬业，每日催着我们学习学习再学习，作业作业再作业。但是说归说，由于抱着破罐破摔的想法，我们的成绩仍然上不去，在全校各科考试中屡屡落败。

直到高二的一次英语联考，我们班的成绩破天荒地超过了几个实验班的学生，这让我们接连兴奋了好几天。

发卷的时候到了，老师平静地把卷子发给我们。我们欣喜地看着自己几乎从没得过的高分，老师说："请同学们自己计算一下分数。"数着数着，我的分竟比实际分数高出 20 分，同学们也纷纷喊了起来，"老师给我们怎么多算了 20 分。"课堂上乱了起来。

老师摆了摆手，班上静了下来。他沉重地说："是的，我给每位同学都多加了 20 分，这是我为自己的脸面也是为你们的脸面多加的 20 分。老师拼命地教你们，就是希望你们为老师争口气，让老师不要在别的老师面前始终低着头，也希望你们不要在别的班的同学面前总是低着头。"

老师接着说："我来自山村，我的父母都去世很早，上中学时我连红薯土豆都吃不起；大学放暑假，我每天到建筑工地拉砖，曾因饥饿而晕倒。但我就是凭着一股要强的精神上完师院，生活教会我在任何时候都不能服输。而你们只不过因为被分在普通班就丧失了信心，我很替你们难过。”

这时候教室里安静极了，同学们都低下了头。老师继续说：“我希望我的学生们也做要强的人，任何时候都不服输，现在还只是高二，离高考还有一年多的时间，努力还来得及，愿你们不靠老师弄虚作假就挣回足够的分数，让老师能把头抬起来，继续要强下去。”

“同学们，拜托了！”说完，老师低下头，竟给我们深深地鞠了一躬。当他抬起头的时候，我们看到他的眼睛流出了泪水。

“老师。”班里的女生们都哭了起来，男生的眼里也含满了泪水。

那一节课，我们什么也没有学，但一年后的高考，我们以普通班的身份夺得了全校高考第一名。据校长讲，这在学校的历史上是从未有过的。

我们每一个学生都记住了老师的眼泪。

我们更记得老师的话，我们仅仅是被分进了普通班而已。只要努力，这有什么关系呢？

心灵处方

上帝把你分到了一个“人生普通班”：没有显赫门庭，没有万贯家财，没有骄人客颜，没有过人天赋，那么你是从此放弃希望？还是更加奋发努力？

心灵驿站

29. 你很忙吗

每回见到老张，都要听他叹苦经。老张是某地区某个领域的企业主管领导，他总是在说他的事情好多，他好忙，他的时间好紧张。比如今天，指着台历上的记事，他道：“九点，下面办的一家三产开张，要去讲几句话，不去又该说不重视了。十点，有个表彰会，要领导去，我跟他们说了，去坐坐，话就不讲了，十一点，下面谈的一个项目签字——倒不是什么大项目——总得有个领导在场呀，中午吃饭还要念祝酒词，词儿倒都有人起草，不然我真没法活了。你看，下午从三点开始，新闻发布、颁奖、授旗、挂牌儿，晚上还要看时装表演——这也是政治嘛。瞧，满满的，天天如此，我算判了无期徒刑了。”

他确实忙，忙着开几个不痛不痒的会，讲几句不痛不痒的话，转几个不痛不痒的地方，念几篇不痛不痒的文章。可悲的是，忙着这些劳什子的他，还以为正在建立不朽的功勋呢。

中国有句成语叫做“碌碌无为”，这个词可能我们在小学时就用它造过句子，但真正理解它的意义是在几年前的一个夜晚，当我把疲惫的身躯扔在床上时，脑中忽然闪现出这个词语，不禁浑身激灵一震：碌碌，忙得不可开交，但却是“无为”，太可怕了。

很多时候我们恐怕都没有把什么叫做“忙”真正的定义清楚。忙是什么呢？忙应该是在特定的时间段中朝着特定的目标进行连续不断的努力的生存状态。忙碌可以使我们的生活充实，让我们回忆起来觉得自己对得起时间对得起自己，但是如果你只是为了不闲着去忙，只是为了向人表明自己“很重要”而去忙，那么无知的谎言往往就会欺骗你的心灵。忙是不能欺骗和亵渎的。

记得李宗盛曾在一首歌中这样唱：“忙、忙、忙、忙得没有了方向，忙得没有了主张……。”其实，瞎忙的人就像放入一条轨道中身不由己的一个物件，一个被抽打着而转动的陀螺，它陷入这种状态而不清楚自己在干些什么。

心灵处方

人很容易掉到自己给自己设置的陷阱里面去，通常这个陷阱都是由虚荣心建造而成的。只要随便给我们一点虚荣我们就可以像只无头苍蝇一样飞来飞去，明明自己的举动没有任何实质的意义，解决不了任何实际的问题，也许只是想显示给别人：我是个重要人物。

心灵驿站

30. 没有时间思考的人

从早上睁开眼睛起床到晚上熄灯休息，小张就像上紧了弦的钟表一样一刻不停地忙碌着。但可惜的是，许多看起来很清闲的人却过得比他好。

下班许久了，小张的办公室里还灯火通明，他依然在忙忙碌碌。老板推门走了进来，问道：“你整天都这样忙吗?”小张说：“是呀。”他满心希望得到老板的表扬，不料老板却说，“对工作认真负责是对的，但你这样从早忙到晚，什么时候去思考呢?”想想看，一个人如果只知道埋头赶路而不知道抬头看路会怎么样呢?

记得当年在高中学习时，面临高考的压力，大家都很紧张。许多同学没日没夜地复习功课，但每次考试时却总得不到理想的成绩。他们中许多人并不笨，只不过是在一种压力下，为了获得一种心理上的安慰而一味地拼命蛮干，而从来不注意看路。其实学习好的同学并不那么紧张，因为高中三年的课程实际上两年的时间就基本上学完了，最后的一年基本上是用来复习和练习模拟考试。如果在前边的学习中基础比较扎实，那么在复习时就把自己的薄弱环节加强一下就可以了。记得我自己当时是每天晚自习前一定要用半小时左右的时间检查当天的功课，然后晚自习时只把认为有问题的地方过一下就行了，每周总结本周的进展。这样，已经掌握的地方就不要再去浪费时间，对没掌握的地方进行有的放矢的学习。

这样做当然事半功倍。后来进入大学，同学们在一起聊天，发现高分者死读书者极少，他们都有一套自己的学习方法，都不是特别累，而所有学习方法的核心无不是每天、每周的思考、检查，去发现问题和解决问题而不是漫无目的地重复劳动。

曾子曰：日三省吾身。这不仅是道德修炼课程，也是工作中必不可少的手段。我采访过一位颇有成就的大企业老总，他的工作可谓日理万机，但他每天晚上的时间几乎全部给自己留着。他说：第一我要陪家人吃饭，同他们沟通，其次我要休息，再下来最重要的是我要把自己关在书房中两小时，不接任何电话，来考虑公司的重大问题，今天的疏漏以及明天最重要的事务，排出轻重缓急来。

心灵处方

生活就像一块田地，只在上面转悠，永远不会有收获。你要做的是，分清四季，适时播种，辛勤耕耘及找时间休息。

如果只是一味地忙，但没有作为，那是多么悲哀的事啊！没有时间思考的人只会碌碌无为。所以要学会给自己的大脑留出时间和空间进行思考。

31. 断奶

所有的妈妈都知道孩子必须断奶，必须独立，可是许多妈妈并不知道如何进行“断奶教育”。

生理上的断奶一般来说，做妈妈的都能应付过去。但是心理上的“断奶”就不那么简单了，许多对教育艺术知之甚少的父母往往会犯下许多错误，从而给孩子的人生发展埋下不好的伏笔。

安娜去学校的时候忘了带作业。老师无数次地强调同学们要按时交作业。

安娜给妈妈打电话，让妈妈把作业送到学校。妈妈说：“我不能去送，最好你自己回来拿。”安娜开始感到很失望，警告妈妈学校的老师可能会说妈妈对孩子太不负责任。但是安娜的妈妈这时对自己所谓的责任并不感兴趣，她所感兴趣的是让安娜从亲身经历中获得责任感，学会对自己负责，对自己的行为负责。她告诉学校老师，希望安娜能够自己回家拿作业。安娜有点恼火，觉得妈妈一点也不通情达理，居然在危急关头让自己走回家拿作业，这样准会耽误课程，老师会生气的。但妈妈不后退，坚持安娜自己回家取作业。妈妈把作业放在门口，然后，自己开始打扫房间，安娜回到家里想和妈妈吵一架，想使妈妈知道她很恼火，然后希望妈妈能开车送她回学校。不料妈妈根本就不理会她的挑衅，只若无其事的说：“宝贝，我忙着呢，你现在先回学校，交上作业。我们以后再讨论这件事情。”

放学后，妈妈知道安娜已经不在火头上，她耐心地听安娜诉说，她在同学和老师面前感到很窘，因为妈妈不去给她送作业，她还得自己回来拿。妈妈问安娜："我很爱你，宝贝，你知道吗?"安娜承认这点，妈妈又说："我这样做是为了你好，你知道吗?"安娜赌气地说："我忘了带作业，你又不肯送去，我想你是不把我当回事。"妈妈又说："孩子，让我们来看一看，你为什么忘了带作业?"安娜回答道："我慌慌张张地赶校车，就忘了。"妈妈接着说："你忘了带作业，感觉不是太好，对吗？那么你从今天的事情中学到了什么没有?"安娜想了想，回答道："我想，我下次会把作业事先放到书包里去。"妈妈接着提示她："还有没有别的办法?"安娜又想了一会，说："我可以在闹钟一响就起床，不至于那么紧张。"妈妈最后说："你现在再想一想，如果我把作业给你送去，你不是就学不到这些东西了吗?"安娜略带惭愧地点了点头。

亲身经历是父母家长最有效的教育方法，适当地给孩子们出点难题，让他们出出丑，然后选择时机就事论事，往往能够鼓励他们认识到自己的缺点，并自己找到解决问题的办法。这比无微不至的关心强过百倍。

在孩子开始"断奶"，培养自我独立能力时，必然要遭受一些挫折，受一些委屈。家长此时不应一改初衷，忙不迭地去呵护、安慰，替他们解决问题和承担压力，而是要引导他们自己走出挫折，并从中学习到经验教训，锻炼自我解决的能力。

心灵处方

我们必须记住，我们不能保护孩子们一生，我们最大的责任在于训练他们怎么样独立、坚强、勇敢地去面对生活。过分的保护孩子会导致他们过分的依赖，只会使他们失去了可能发展和探索的空间。

让孩子吃点苦、受点罪，才是真正的爱护和负责。

32. 什么是天堂，什么是地狱

悲从何起，厌从何来，人生在世，悲、欢、喜、忧……风情万种，或许这就是人生素描吧？

一老僧坐在路边，双目紧合，盘着双腿，两手交握在衣襟之下。他坐在那里，一动不动，陷于沉思。

突然，他的冥思被打断。打断他的是武士嘶哑而恳求的声音："老头！告诉我什么是天堂，什么是地狱！"

开始老僧无反应，好像什么也没听到。

渐渐地，他睁开双眼，嘴角露出一丝微笑。

武士站在旁边，迫不及待，有如热锅上的蚂蚁。

"你想知道天堂和地狱的秘密？"老僧最后说道：

"你这等粗野之人，手脚沾满污泥，头发蓬乱，剑上锈迹斑斑，一看就没有好好保管。你这家伙，你娘把你打扮得像个小丑，你还来问我天堂和地狱的秘密？"

武士被恶狠狠地骂了一句。他拔出剑来，举到老僧头上，他满脸血红的血脉在鼓胀，脖子上青筋暴露，就要拿下老僧脖子上的人头。

利剑就要落下，老增忽然轻轻说道："这就是地狱。"

刹那间，武士惊愕不已，肃然起敬，对眼前这个敢用生命来教育他的瘦弱老僧充满怜悯和爱意。

他的剑停在半空，他的眼中噙满感激的泪水。

“这就是天堂。”老僧说道。

人的眼睛其实总在不知疲倦地搜索世界，从一个落点到另一个落点。要是连续搜索而找不到任何一个落点的话，就会因紧张而失明。

有个年轻人被判终身监禁，他失去了活下去的勇气。在准备结束自己的生命之前，他回想了活在这世上的20多年，家人、亲戚、同学、老师，有谁曾对自己说过一句赞许的，鼓励的、温暖的话。这时他想，只要能搜索到一句，我就不死，我就要为了这一句话而活下去。最后，他猛地想起了半句，那是中学里一个美术老师说的。当他将一幅恶作剧的作品交上去时，老师说：“你画了些什么？色彩倒还漂亮些。”

这半句赞美的话成了年轻人搜索过去世界的一个落点，有了这个落点，他活了下来，并成为一名作家。

年轻用这半句话敲开了通往天堂的大门。如果没有这半句话他早已置身地狱了。天堂与地狱原来近在咫尺啊。

心灵处方

许多人一生都执迷于天堂和地狱之间，甚至最终都没有一个确切的结果，到底什么是天堂，什么是地狱。事实上，这是一道不算太难的题，天堂和地狱近在咫尺存乎于一念之间。

33. 有魔力的钱袋

在一间很破的屋子里，有一个穷人，他穷得连床也没有，只好躺在一张长凳上。

穷人自言自语地说："我真想发财呀，如果我发了财，决不做吝啬鬼……"

这时候，穷人的身旁出现了一个魔鬼："好吧，我就让你发财吧，我会给你一个有魔力的钱袋。这钱袋里永远有一块金币，是拿不完的。但是，在你觉得够了时就要把钱袋扔掉，才可以开始花钱。"

说完魔鬼就不见了，在他的身边，真的有一个钱袋，里面装着一块金币。穷人把那块金币拿出来，里面又有了一块，于是穷人不断地往外拿金币，拿了整整一个晚上，金币已有一大堆了。第二天，他很饿，想去买面包。但是，在他花钱以前，必须扔掉那个钱袋。

他又开始从钱袋里往外拿钱，并且不吃不喝地拿。终于，他生病了，不久，他倒下了，死在他的长凳上。

临死前他说了句："我怎么没拿钱看病呢？"

站在金钱这个巨大的诱惑面前，人类的灵魂将接受巨大的挑战。怎么做才是最佳的处理方式？照单全收还是转身折回，只留下冷冷的似乎高尚的背影？

每个人在世上都面临一个问题——生活。而生活是否圆满，人生能否成功，完全取决于自己的态度、方式。从这个意义上说，人生是自我选择和造就的结果。

遇事量力而行，不要做无谓的牺牲，过于沉醉其中而无法自拔时，也往往是迷失人生，丢失自我的时候。

生命是广阔无限的，用某一个定义界定是不可能的，也是不科学的。因此说，用某一个标准苛求人生，或者克隆人生，只会作茧自缚。

心灵处方

人的价值，是由自己决定的。人生短暂而会衰老，要尽量毋负人生。迷失了自己，自然迷失了一切快乐。

34. 时间与爱

从前有一个小岛，上面住着快乐、悲哀、知识和爱，还有其他各类情感。

一天，情感们得知小岛快要下沉了，于是，大家都准备船只，离开小岛。只有爱留了下来，她想要坚持到最后一刻。

过了几天，小岛真的要下沉了，爱想请人帮忙。

这时，富裕乘着一艘大船经过。

爱说："富裕，你能带我走吗?"

富裕答道："不，我的船上有许多金银财宝，没有你的位置。"

爱看见虚荣在一艘华丽的小船上，说："虚荣，帮帮我吧!"

"我帮不了你，你全身都湿透了。会弄坏了我这漂亮的小船"

悲哀过来了，爱向她求助："悲哀，让我跟你走吧!"

"哦……爱，我实在太悲哀了，想自己一个人呆一会!"悲哀答道。

快乐走过爱的身边，但是她太快乐了，竟然没有听到爱在叫她!

突然，一个声音传来："过来! 爱，我带你走。"

这是一位长者。爱大喜过望，竟忘了问他的名字。登上陆地以后，长者独自走开了。

爱对长者感恩不尽，问另一位长者知识："帮我的那个人是谁?"

"他是时间。"知识老人答道。

"时间?"爱问道,"为什么他要帮我?"

知识老人笑道,"因为只有时间才能理解爱有多么伟大。"

"爱"需要时间来进行检验,说出"我爱你"花费的只是瞬间,但它是对一个人一生的奉献。

心灵处方

时间可以证明爱的重量,但生活中的我们却常常不需要爱的"重要"。爱的力量是伟大的,伟大之处在于永远与时间同步,是真理不会因时间流逝而"减肥"!